KB119900

우리 아이를 위한 글쓰기 연습

아이의 공부머리 키우는 엄마표 글쓰기

우리 아이를 위한 글쓰기 연습

여상미 지음

세상 모든 엄마는
최고의 글쓰기 선생님이다!

아동 발달 전문가들은 아이들이 보고 듣고 냄새 맡고 맛보는 행위와 더불어 손과 발의 협응, 즉 오감을 함께 자극하는 놀이가 두뇌 발달에 무엇보다 좋다고 강조한다. 그래서 아이들의 오감 발달에 좋다는 장난감부터 관련 프로그램까지 다양한 물건과 정보가 넘쳐나고 있다.

이러한 추세는 아이들이 보는 그림책으로까지 이어져 최근에는 글과 그림으로 이루어진 종이책에만 그치지 않는다. 종류를 가늠할 수 없을 정도로 많은 팝업(pop-up)북, 플랩(flap)북이 있을 뿐만 아니라 도서를 이용해 다양한 연계 활동까지 가능하다. 그 덕분에 아이 옆에 앉아서 목소리로만 책을 읽어주던 엄마들은 달라진 독서 방식을 다시 배우고 적응하며, 아이의 창의력과 사고력 발달을 위한 노력을 거듭하고 있다.

어떤 모양의 책이든 엄마들이 이렇게 아이 독서에 열을 올리는 이유는 유아기 시절의 독서 습관이 성장과 발달에 무엇보다 중요하다는, 시대를 막론하고 누구나 인정하는 결론 때문은 아닐까. 그러니 단지 독서에 그치지 않고 직접 글을 쓰는 행위까지 이어진다면, 앞에서 말한 오감의 협응은 물론 아이의 사고력과 창의력 발달로 이어지는 것은 시간 문제일 것이다.

그런데 책과 독서의 방식도 시대에 따라 변하듯이 글쓰기에도 트렌드가 있다. 최근 SNS 등을 통해 빠르게 늘어나고 있는 신조어, 해시태그는 좀 더 간결하고 함축적인 문장 안에 전하고자 하는 바를 센스 있게 표현하는, 아이디어가 돋보이는 글에 관심을 갖게 만들었다. 이러한 현상에는 사회적인 분위기도 한몫했다.

자녀를 많이 낳지 않고 개인의 인생에 좀 더 큰 의미를 부여하며 살아가는 이 시대의 많은 젊은이들은 예전의 부모 세대와는 다른 방식의 육아를 원한다. 트렌디한 육아를 하는 엄마를 동경하고 학습하며 보다 독창적이고 개성 있는 방식으로 아이를 양육하고 싶어 한다. 그러나 공통적으로 모든 엄마들은 우리 아이가 건강하고 바르게 자라, 보다 현명하고 기왕이면 능력까지 두루 갖춰 이 사회에 보탬이 될 만한 인물로 자라기를 기대한다. 이러한 꿈을 실현시키기 위해 아이와 부모가 가장 먼저 갖춰야 할 기본적인 자세는 무엇일까?

그 대답은 언제나 '소통'에 있다. 부모가 아이에게 조언을 하고 싶어도 아이가 귀를 닫으면 그걸로 끝이다. 가정에서 올바르게 소통하지 못한 아이는 사회에서도 마찬가지다. 끝끝내 아이가 거부해도 들을 때까지 계속해서 말할 것인가. 이것은 정말 낡고 미련한 방법일 뿐만 아니라 엄마의 화만 자초하는 꼴이 된다.

그러나 우리에게는 좋은 소통의 도구인 '글'이 있다. 글은 먼저 엄마인 '나'를 바꾸고, 그로 인해 '아이'를 바뀌게 하며, 나아가 우리 '가정'을 변화시킨다. 미처 눈여겨보지 않았지만 집 안 어딘가에 있는 펜과 종이에 가족의 미래가 달려 있다. 그러니 무언가를 시작할 마음만 있다면 이미 절반은 해낸 것이다.

아빠도 아니고, 할머니나 할아버지도 아닌 엄마가 먼저 글을 쓰고 아이와 함께 써야 하는 이유는 바로 '엄마'이기 때문이다. 나를 엄마라는 존재로 만들어준 내 아이, 그 아이에게 전할 수 있는 최고의 유산은 당연히 사랑이다. 그 사랑을 전할 수 있는 도구로서 글은 최선이자 최고의 선택이 될 것이다.

여상미

목차

4장
'나'를 위한 글쓰기

5장
어떤 글을 어떻게 써야 할까

1장

아이를 위한 글쓰기

아이의 재능,
독서에 답이 있다

아이들에게는 무한한 잠재력이 있다. 그러한 잠재력을 찾아 발전시키도록 유도하는 것은 부모의 몫이지만 아이가 어떤 재능을 가지고 있는지 일찌감치 찾는 일이 그리 쉽지만은 않다. 아직 말도 서툰 아이에게 무리해서 이것저것 시키다간 오히려 역효과가 나타날 수도 있기 때문이다. 따라서 부모가 아이와 최대한 많은 시간을 보내며 아이가 어떤 것에 흥미를 보이는지 주목할 필요가 있다. 또 아이가 이전에는 하지 않았던 새로운 놀이를 시작할 때는 채근하지 말고 가능한 한 인내심을 가지고 천천히 접근하는 것이 중요하다.

예전에 친구 집에서 우연히 아이가 유독 물감에 관심을 갖고 잘 가지고 노는 것을 발견했다. 그날 집으로 돌아와 아이가 목욕할 때

욕조에 물감을 풀어놓았다. 그런데 흥미로워 할 줄 알았던 아이가 예상과 달리 너무 낯설어 하고 심지어 만지려는 시도조차 하지 않아 당황했던 기억이 있다. 그래도 포기하지 않고 아이의 컨디션을 살피다가 기분이 좋은 날 물감을 하나씩 꺼내어 색깔을 알려주고, 만져보게 하고, 사용법을 일러주었다. 그런 뒤 다시 목욕 시간에 가지고 놀도록 유도했더니 그제야 아이는 즐겁게 물감 놀이를 시작했다.

유독 새로운 것에 호기심이 많고 적극적인 아이라면 조금 속도를 내보는 것도 괜찮을 것이다. 하지만 아이가 낯선 상황을 처음 마주할 때는 시간을 두고 친해질 수 있도록 기다려주는 것 또한 부모에게 필요한 자세라는 것을 알게 되었다. 비단 미술 놀이뿐만 아니라 새로운 장난감, 탈것, 악기 등도 마찬가지다. 소위 상위 1%에 속한다는 영재가 아니라면 그 모든 것을 대하자마자 능숙하게 다룰 수 있는 아이는 거의 없다. 그렇다고 우리 아이는 이미 영재가 되긴 틀렸다고 단정 지을 필요도 없다. 아이 안에 내재되어 있는 잠재력은 학습을 통해 발굴되는 경우가 훨씬 더 많다.

아이의 재능을 발굴하고자 할 때 가장 먼저 필요한 프로젝트는 독서다. 이것만큼은 시대와 환경을 막론하고 변함없는 사실이다. 최대한 이른 시기부터 책과 가까이하게 해주면 좋겠지만 지금도 늦지 않았다. 부모의 노력과 접근 방식에 따라 아이는 얼마든지 책에 흥미를 가질 수 있다. (효과적인 독서 지도에 관한 내용은 2장 '효과적으로 독서 지도하려면'에서 더욱 자세히 다루도록 하겠다.)

요즘은 아이가 새로운 경험을 할 만한 공간이나 배움터가 주변에 많고, 교재나 도구도 매우 다양하다. 문제는 그런 도구가 너무 많은 나머지 부모가 오히려 선택에 어려움을 겪는다는 점이다. 나는 결국 책보다 훌륭한 교재나 스승은 없다는 결론을 내렸다. 전집도 좋고 시기에 따라 책을 개별로 구매하는 것도 좋다. 너무 오래전에 나온 책이라 맞춤법이 다르거나 시대와 맞지 않은 정보가 담겨 있는 게 아니라면 중고로 물려받는 방법도 추천하고 싶다.

최근에는 영상과 연계해 DVD나 말하는 도구가 함께 묶인 제품도 많은데, 우선은 책과 먼저 가까워진 다음에 활용할 것을 권한다. 영상이나 기계에 먼저 노출된 아이는 책보다 손쉽게 받아들일 수 있는 것에 더 익숙해져버리기 때문이다. 그렇다면 부모는 어떤 책을 고르고 어떻게 독서를 유도해야 할까? 이것 또한 당연히 아이의 성향을 파악하는 것이 먼저다.

대부분의 아이들은 집중력이 그리 오래 지속되지 않는다. 엄마인 나는 한 페이지라도 더 보여주고 싶어 안달인데 아이는 책 표지만 보고도 덮어버리기 일쑤다. 그것은 읽을 책을 고를 때부터 엄마의 기준으로 선정했기 때문이다. 엄마는 양치질을 싫어하는 아이가 조금이라도 바른 습관을 들였으면 하는 마음에서 '치카치카' 책을 꺼내 들지만 아이는 이미 저만치 멀리 가 있다. 이후부터 아이는 엄마가 책을 꺼내는 시간은 피하고 싶어 한다.

우리 아이도 마찬가지였다. 스스로 책을 고를 수 없던 시기에는 내가 읽어주는 책을 하루에도 몇 권씩 곧잘 보는 편이어서 독서 습관만큼은 바르게 자리 잡았다고 자신했었다. 그런데 아이가 스스로 좋아하는 것이 생겨나고 본인이 읽을 책을 고를 수 있는 시기가 오니, 책은 멀리하고 종일 장난감만 가지고 놀거나 좋아하는 TV 프로그램을 틀어달라고 조르기 일쑤였다. 그나마 가끔 읽는 책마저 늘 같은 책! 자동차를 좋아하는 아이는 자동차가 종류별로 그려진 책 한 권만 너덜너덜해지도록 읽고 또 읽었다. 읽어주는 나도 지쳐서 "오늘은 이것 말고 다른 책 볼까?"라고 권유하려 하면 아이는 금방 책에서 돌아서고 말았다. 대체 왜 그럴까? 엄마는 편식하지 않는 식습관과 마찬가지로 책도 골고루 읽기를 원하지만 아이는 이미 저만의 관심 분야가 생긴 것이다.

아이의 독서 편식을 응원하자

아동 발달 전문가들에 의하면 아이가 특정 분야의 책만 파고드는 것은 매우 바람직한 현상이라고 한다. 아이에게 드디어 '몰입'할 수 있는 대상이 생긴 것이기 때문이다. 그러니 그것이 무엇이든 책을 통해 몰입할 수 있다면 부모는 계속해서 응원해주어야 한다. 이 시기에는 특정 책만 읽는 아이를 다그치기보다 매일 보는 책이라도 늘 새롭게 접근할 수 있도록 유도해주는 것이 좋다. 아직 글을 읽지 못하는 아이라면 더 쉽게 접근이 가능하다.

나는 그날그날 상황에 맞게 책과 전혀 다른 내용으로 이야기를 지어 들려주곤 했다. 그림은 같지만 스토리는 매일 달라질 수 있도록 엄마표 이야기를 만들어 들려준 것이다. 그러자 아이의 해석도 매번 달라지기 시작했다. 어느 날은 자동차가 배가 고파서 달린다고 했고, 또 어떤 날에는 자동차가 친구를 만나러 가는 중이라고 말하기도 했다. 물론 유아기에는 전집을 들여 고루 읽어주는 것도 좋은 방법일 수 있다. 그렇지만 아이가 좋아하는 분야가 생긴 이후에는 함께 서점에 가서 마음에 들어 하는 책을 낱개로 구매해 정독하게 하는 방법이 더욱 효과적이다.

익숙한 환경에 변화를 주자

아이가 책을 싫어한다고 느낀다면, 즉 끝까지 읽지 않거나 책을 가지고 오기만 하면 다른 행동을 하는 등 독서에 거부 반응을 보인다면, 아이가 좋아할 만한 단 한 권의 책을 찾는 데 집중하자. 처음에는 아이 스스로 좋아서 골랐더라도 한 페이지조차 넘기기 힘겨울 수 있다. 그런 날은 미련 없이 책을 덮어두자. 아이에게 독서 자체가 학습으로 여겨지지 않게 하고, 스트레스를 주려는 의도가 없음을 보여주어야 한다. 그래서 어떤 책이든 아이가 서서히 마음을 연 후, 매일 일정한 시간에 같은 장소에서 반복해 독서하는 습관을 들이도록 유도해야 한다.

그렇게 되기까지 생각보다 오랜 시간이 걸릴지도 모른다. 때로는 아이의 독서 환경을 조성하기 위해 가구 배치를 바꾸거나 분위기를 다르게 만드는 노력이 필요할 수도 있다. 아이의 독서 습관이 자연스럽게 형성되고 집중과 몰입을 반복하는 시기가 오면 부모는 생각보다 빨리, 쉽게 아이의 관심사나 재능을 발견할 수 있을 것이다. 자신이 좋아하는 것만큼 잘할 수 있는 일은 없을 테니까.

직접 써보기

⭐ 최근에 아이가 가장 흥미 있어 하는 일은 무엇인가요?

예: 인형 옷 입히기, 공 던지기

⭐ 아이의 흥밋거리와 가장 가까운 책을 골라보세요. 아이와 함께 서점에 가는 것도 좋은 방법입니다.

★ 옆에서 고른 책을 기존 줄거리와 다르게 각색해 엄마표 이야기를
만들어보세요.

전문가에게 배우는
감정 다스리기

　얼마 전 육아에 관한 정보를 검색하다가 '산후우울증 극복법'에 관한 이야기를 접한 적이 있다. 글쓴이는 주로 집안일과 독서로 우울증에 걸릴 뻔한 시기를 극복했다고 했는데 그 글에 달린 댓글들이 사정없이 가혹했다. '아이를 돌보면서 집안일을 하는 것으로 어떻게 우울증을 극복하느냐, 말도 안 된다. 게다가 그 와중에 독서라니 그게 가능한 일이냐.'라면서. 그러고 보니 댓글을 단 엄마들의 말도 틀리지 않다. 집안일을 하고 독서를 하며 마음을 다스렸다는 육아맘의 이야기는 정말이지 먼 나라 이야기 같은 이질감이 있다.

　물론 집안일과 독서로 산후우울증을 극복했다는 그녀의 말이 전부 거짓은 아니었을 것이다. 그나마 여유가 있는 시간을 쪼개고 쪼개 여러 활동을 하면서 정신적으로 나약해질 틈을 주지 않았을 수도 있다. 하지만 대부분의 현실 육아맘에게는 공감을 얻기 힘든 방법이다. 한 가지 확실한 것은 육아에 앞서 엄마인 자신의 마음을 다스리는 일이 무엇보다 우선이라는 사실이다.

나는 얼마 전 엄마의 감정 공부에 관한 감정 코칭 전문가 강의를 들은 적이 있다. 물론 그런 강의를 듣는다고 해서 하루아침에 변하는 것은 없다. 하지만 뻔한 내용이라도, 듣지 않았다면 생각조차 해보지 않았을 일상을 다시 한번 돌아보는 계기가 될 수 있다. 여기에 강의 내용 중 도움이 되었던 내용을 소개하고자 한다.

아들러의 감정수업: 엄마의 감정 다스리기

감정 코칭 전문가 한선희의 저서 『엄마의 행복한 감정공부』(미다스북스, 2018)에 따르면 모든 감정에는 목적이 존재한다고 한다. 예를 들면 어떤 사람이 화를 낼 경우 그 사람이 화를 내는 심리 기저에는 승리, 권리 보호, 앙갚음 등의 목적이 있으며, 우울이라는 감정이 드러날 때 그 바탕에는 슬픔 표현, 자기 통제, 도움 요청과 같은 목적이 숨어 있을 수 있다는 이야기다. 겉으로 보기에 '화'나 '우울'이라는 전제 조건은 같지만 목적에 따라 감정을 표현하는 사람의 심리 상태는 다를 수 있다.

그렇기 때문에 무언가에 화가 났거나 불안, 우울 등의 감정이 수면 위로 떠오를 때는 자신의 심리 기저에 어떤 목적이 존재하는가를 빨리 파악해봐야 한다. 이것은 4장에 나올 "'화' 쓰기로 푸는 육아 스트레스' 부분과도 일맥상통하는 내용이다. 단순히 '화'로 표현되는 감정을 더욱 자세히 이해하기 위해 글로 옮겨보고, 그 과정을 통해 자신이 표현하는 감정의 목적을 찾을 수 있게 된다.

'스트레스에 강한 나'를 만들기 위한 일환으로 작성했던 '아들러의 감정수업' 기법을 활용한 질문 내용을 여기에 옮겨보았다. 이는 『아들러의 감정수업』(게리 D. 맥케이·돈 딩크마이어 지음, 시목, 2017)을 참고한 것이다.

Q1. 내가 인정하기 싫었거나 피하고 싶었던 감정은 무엇인가?

　　예: 슬픔, 불안함, 좌절 등

Q2. 그 상황은 어떠했는가?

　　예: 열심히 노력했지만 취업에 실패했다.

Q3. 새로운 감정을 선택한다면?

　　예: 담대함, 용기

Q4. 새로운 감정의 목적은 무엇인가?

　　예: 실패에 대한 두려움을 갖지 않고 다시 도전하는 것

Q5. 새로운 감정을 선택한 지금 기분은 어떤가?

　　예: 결과를 받아들이니 전보다 마음이 편하다.

전문가에 따르면 심리적인 갈등 상황에 놓일 때마다 이러한 질문에 답변하는 방법으로 감정을 정리하다 보면 자신의 감정을 다스리기가 훨씬 쉬워진다고 한다. 답변을 쓰기 어려운 아이들에게는 대화로 유도하는 것도 좋은 방법이다. 부모와 아이뿐만 아니라 모든 인간관계에서 감정만 앞세운 소통이 사라진다면 대화의 시간이 더욱 유쾌해질 뿐만 아니라 삶의 질도 향상될 것이다.

직접 써보기

⭐ '아들러의 감정수업' 질문에 따라 답변을 작성해보세요. 그리고 아이에게 질문하며 함께해보세요.

내 손으로 만드는 우리 아이 육아지침서

무언가를 '쓴다'는 것은 자신과 그 주변을 둘러싼 많은 생각과 어지러운 마음을 정리할 수 있다는 점에서 육아를 하는 엄마들에게 자신을 돌아볼 수 있는 여유를 준다. 게다가 글쓰기는 아이를 양육하는 데도 실질적인 도움이 된다. 양육에 도움이 되는 글쓰기 중, 대표적으로 육아지침서에 대해 먼저 알아보고자 한다.

거창하게 '지침서'라는 표현을 빌렸지만 출발은 단순하다. 엄마도 사람이라 늘 같은 잣대를 가지고 아이를 양육하기란 쉽지 않다. 또한 주위 사람들이 해주는 조언이나 충고, 넘쳐나는 정보 들은 가뜩이나 갈피를 잡지 못하는 엄마의 머릿속을 더욱 혼란스럽게 만든다. 이럴 때일수록 엄마는 중심을 바로잡고 앞으로 아이를 키워나

가고자 하는 방향에 따라 일관된 교육 기준을 세워두는 것이 중요하다.

훈육은 선택이 아닌 필수다

보통 아이들은 말귀를 잘 알아듣지 못한다 해도 첫돌을 전후로 부모의 표정이나 말투, 분위기 등을 보고 '무언가 잘못되었구나.'라는 것을 인식한다. 이러한 상황에 놓였을 때 곧바로 행동을 멈추고 부모의 다음 지시사항을 기다리는 아이가 있는가 하면, 잘못을 알면서도 그대로 진행하려는 아이도 있다. 안타깝게도 대부분의 아이들은 후자에 속한다. 왜냐하면 그들은 잘못이라는 사실만 이제 겨우 알아챘을 뿐, 무엇이 왜 잘못되었으며 어떻게 바꿔야 옳은 것인지 알지 못하기 때문이다.

많은 엄마들이 "우리 아이는 백일 때까지 있는지 없는지도 모를 정도로 순둥이였다니까요."라는 말을 한다. 아이가 순하면 엄마는 편했을지 모르겠지만, 울고 떼쓰는 것밖에 달리 표현할 방법이 없는 아이는 오히려 더 힘든 시간을 보냈던 것은 아닐까? 그러나 그렇게 순할 것만 같았던 아이들도 기고, 걷고, 뛰는 시기가 찾아오면서 조금씩 자신의 감정을 적극적으로 표현하기 시작한다. 어느 날부턴가 한시도 가만있지 못하고 저지레를 일삼는 아이를 돌보느라 엄마는 정신없고 바쁜 나날을 보낸다. 하지만 아이 입장에서는 자신이 무언가를 할 수 없었던 이전의 세상과는 다른, 별천지가 시작되는 것인지도 모른다.

마음 넓고 긍정적인 일부 엄마들은 아이에게 이 시기를 맘껏 누릴 수 있는 자유를 허락하기도 한다. 나 또한 그런 엄마가 되고 싶었다. 하지만 아직 모든 것이 서툰 아이에게는 집 안에도 위험한 것투성인데 어떻게 두고만 볼 수 있겠는가. 나에게 훈육은 결국 선택이 아닌 필수였다. 그래서 급하게 고안해낸 것이 바로 나만의 육아지침서다.

나만의 육아지침서 만드는 방법

육아지침서는 엄마가 아이를 위해 일관된 기준으로 훈육하고자 만드는 것이므로 누구의 방법도 따를 필요가 없다. 각자 처한 환경, 아이의 성향이 모두 다르기 때문에 그저 참고만 하면 된다. 또한 거창한 문장으로 나열한다면 일종의 다짐 같은 이 지침들은 금방 잊을 수밖에 없다. 최대한 간단하고 확실한 언어로 작성하자. 무엇보다 중요한 것은 아이의 성향을 정확하게 파악한 후, 본인이 알아보기 쉽고 행동에 옮기기 적절한 선에서 작성해야 한다는 것이다.

자신만의 육아지침서를 만들기에 앞서 우선적으로 고려해야 할 것은 다음과 같다.

1. 아이의 성향

2. 나와 우리 집안의 상황(환경)

3. 주양육자의 양육 시간과 비중

4. 훈육 방법

우리 아들은 굉장히 활달하고 적극적인 성향을 가진 아이지만 겁이 많아서 새로운 물건, 낯선 상황을 두려워한다. 장난감 등의 사물보다는 움직이는 동물이나 사람 같은 생명체에 더욱 큰 관심을 보인다. 또 악기 연주, 노래, 율동 등 음악 활동을 두드러지게 좋아한다. 뜻대로 되지 않으면 울음을 터뜨리거나, 때로는 물건을 던지는 등 거친 행동을 보이고, 스스로 할 수 있는 일을 엄마 아빠에게 자주 도와달라고 하는 의존적인 경향이 있다. 대략 이러한 성향을 바탕으로 내가 작성한 육아지침서는 다음과 같다.

연령 및 성별: 4세 남아 / 주양육자: 엄마 / 사회 활동 영역: 어린이집 등원 중

1. 훈육이 필요한 경우

－ 절대로 하면 안 되는 행동: 물건 던지기(특히 깨질 위험이 있는 소재)

→ 대응 1: 던져도 되는 물건(고무공 등)과 구분해서 반복 설명

대응 2: 생각 의자

즉각 대응: 사람, 동물에게 폭력적인 행동 시 장소만 이동해 생각하는

시간 갖게 하기

2. 습관 교육

- 집: 잠들기 전과 외출 전에 스스로 장난감 정리하기, 양치질이나 숟가락질
  을 시작한 후 5분이 지나기 전까지는 도와주지 않기(손 씻기, 로션 바르기 등은
  <u>스스로</u>)

  → 대응: 간식 등 포상 및 칭찬
- 야외: 주위 어른들께 인사(시범 보이며 반복 설명), 횡단보도에서 손 들기

  → 대응: 훈육 및 칭찬(당연한 규범이므로 포상은 최대한 배제)

3. 관계

- 아빠 퇴근 후: 아빠가 훈육 시 엄마 개입 최소화
- 할머니, 할아버지 방문: 버릇없는 행동 시 훈육하되 자존심 상하지 않도록
  다른 공간에서 하기
- 친구 방문: 상황에 맞게 포상, 칭찬, 훈육(단, 위험한 행동 시 즉각 대응)

생각 의자를 통한 훈육 방법은 미디어를 통해서도 널리 알려졌을
만큼 꽤 큰 효과가 있다. 물론 아이가 먼저 분위기를 파악하고 의자
에 앉기를 거부할 수도 있다. 그럴 때는 의자가 있는 공간으로만 데
려가도 반은 성공이다. 어찌되었든 아이 스스로 자신의 행동이 잘못
되었고 원래 있던 공간과 분리되어야 한다는 것을 알게 하는 것이

중요하니까. 물론 이러한 방식은 어디까지나 내 아이의 성향, 우리 가족의 상황과 맞는 지침서를 예로 든 것이다. 이를 참고해 자신만의 지침서를 만들어보자.

양육은 인내의 연속이다

모든 아이들은 개성이 다양하고, 늘 변화하며 자라고 있어서 육아 지침서를 작성해놓더라도 같은 상황이지만 전혀 다른 결과로 이어지는 경우도 많다. 그래도 생활 속에 자주 일어나는 몇 가지 상황에 대해 자신만의 규칙과 대응 방법을 정해놓고 일관된 방법으로 이어나가다 보면 반드시 변화는 찾아온다. 겉보기에는 딱딱한 규율처럼 느껴지지만 훈육관이 흔들리지 않게 해줄 채찍으로 유용하다.

조금 과장되게 표현하자면, 이제 막 사회에 길들여지기 시작한 아이는 마치 야생의 늑대 소년과 다를 바 없다. 그래서 엄마는 더욱 흔들림 없이 일관된 훈육 방식을 유지해야 한다. 또 이렇게 기준을 정해놓으면 감정적으로 격해지는 일도 줄어든다. 사람의 말을 반복해서 따라 하는 앵무새처럼 정해놓은 방법을 고수하고 또 고수하는 일이 때로는 의미 없게 느껴지고 지치는 날이 올 수도 있다. 그러나 우리는 어차피 양육은 인내의 연속이라는 사실을 뼈저리게 깨닫고 있는 중이 아니던가.

⭐ 본문 내용을 참고해 먼저 아이의 성향을 객관적인 시각으로 파악하고 정리해보세요.

★ 아이의 성향을 고려해 나만의 육아지침서를 만들어보세요. 훈육 방식, 습관 및 규칙, 관계 등으로 구분해보면 좋습니다.

수유일지와
성장앨범 만들기

아이가 태어난 후 첫돌까지는 사실 휴대폰에 담긴 방대한 양의 사진들을 정리할 시간조차 없다. 더욱이 매번 일어난 일을 일기 형식으로 기록하기란 여간 어려운 일이 아니다. SNS를 활발히 하는 부모라 하더라도 과연 아이가 자란 미래에 그것을 제대로 전해줄 수 있을지도 의문이다. 그렇다고 아이가 자라나는 소중한 모습과 행복한 순간을 그대로 흘려보낼 수는 없는 일! 그래서 수유일지와 성장앨범을 만드는 나만의 노하우를 소개하고자 한다.

특히 '수유일지'는 아이가 태어난 후 1년간 나에게 가장 큰 도움이 되었던 육아 방법이다. 태교일기부터 시작해 수유일지를 쓰다가 육아일기로 연결해 넘어가면 더욱 좋다.

엄마가 되고 나서 육아도서의 도움을 많이 받기는 했지만, 실제로 육아를 하면서 무엇보다 실질적으로 큰 도움이 되었던 것은 바로 수유일지다. 그 어떤 책보다, 어떤 전문가의 조언보다 훌륭한 육아서라고 감히 말할 수 있겠다. 수유일지는 알아보기 쉽게 수면과 배변, 식사로 항목을 구분해 적으면 된다. 그날그날 특별했던 일상을 한 줄 정도로 간단히 기록하는 아기 스케줄러로 만들어도 좋다. 그렇게 하루 한 줄이라도 아이에게 전하고 싶은 마음, 어제와 달랐던 아이의 특이점을 기록해둔다면 순간을 담은 사진이나 동영상 못지않게 위대한 유산이 될 수 있다.

이렇게 기록하는 일이 별것 아닌 것 같지만 막상 아이가 느닷없이 배고프다며 울어대거나, 갑자기 잠에서 깨어나 배변을 하면 초보 엄마는 당황해서 기록하기가 쉽지 않다. 그러나 인내심을 가지고 딱 한 달, 아니 일주일만이라도 기록하다 보면 우리 아이만의 정확한 패턴이 드러난다. 그 패턴을 파악한다면 그때부터 육아가 이전보다 훨씬 쉽고 여유로워진다.

수유일지의 또 다른 장점은 공동육아가 편리해진다는 점이다. 예를 들어 낮 동안 엄마가 아이를 돌보다가 퇴근한 아이 아빠가 바통을 이어받아 육아를 한다고 해보자. 아빠는 그전까지 엄마가 기록해둔 수유일지를 보면서 아이에게 언제 수유를 해야 하는지, 현재 어떤 상태인지 파악해 다음 상황까지 미루어 짐작할 수 있다. 육아가 훨씬 쉬워지는 것은 당연한 일이며 자연스럽게 아빠도 아이에게 남기고 싶은 이야기를 적는 등 수유일지에 동참할 수 있게 된다.

시중에 아기의 수유 간격과 자는 시간 등을 기록하기 편하게 나와 있는 제품도 있고, 손쉽게 사용할 수 있는 다양한 육아 애플리케이션도 있으니 자신에게 맞는 것을 골라 활용하면 된다. 그런데 나는 갓난아이를 옆에 두고 매번 휴대폰을 들여다보기도 왠지 찜찜했고, 그때그때 기록을 하려다 보니 휴대폰을 찾아서 온 집안을 뒤지기 일쑤였다. 또 누군가 만들어놓은 양식에 맞추려니 나와 아이의 생활 패턴과 맞지 않는 경우도 많았다. 사람은 기계와 달라서 너무나 많은 변수가 존재하더라. 시중에 파는 것을 이용하든 자신이 직접 만들어 사용하든 편한 쪽으로 선택하는 것이 좋겠다.

아이가 태어난 후 줄곧 직접 작성한 수유일지를 보면, 아이가 130일경에 처음으로 소리를 내어 웃었다는 특이사항이 적혀 있다. 그 이후에는 매일 먹었던 이유식의 종류와 양도 기록했다. 나중에 마구잡이로 찍어놓은 사진, 동영상 날짜와 대조해보면 잊고 있었던 그날의 다른 기억도 함께 떠오르고, 아이가 어떤 음식을 먹었을 때 특히 좋아했는지 반응도 알 수 있다. 특히 아이가 아플 때는 수유일지가 아주 유용했다. 실시간으로 측정한 체온, 먹은 약의 종류, 증상도 함께 적어두었다. 그러면 아이의 상태를 꼼꼼하게 체크할 수 있어 안심되었다.

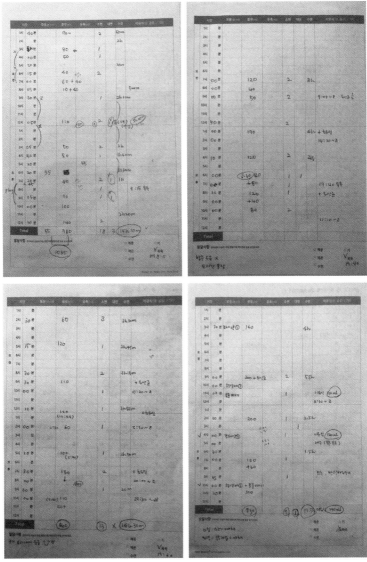

육아를 하며 실제로 작성한 수유일지

이렇게 수유일지를 비롯한 짧은 기록들을 모아놓았다가 여유가
되면 깔끔한 일기 형식으로 옮겨도 좋고, SNS에 업로드해도 좋다.
아니면 수유일지 자체를 육아일기로 남겨두어도 좋다. 그러면 아이
가 돌도 되기 전에 어느새 우리 아이를 위해 엄마가 만든 세상에 단
하나뿐인 책이 탄생해 있을 것이다.

애플리케이션을 활용해 성장앨범 만들기

요즘은 젊은 부모의 취향에 맞춘 아기 촬영 전문 스튜디오나 매
니저처럼 따라다니며 일상을 촬영해주는 1인 사진 작가도 많다. 이
런 전문가를 활용하는 것도 좋은 방법이지만 촬영 날짜나 시간에 아
기 컨디션을 맞추기도 힘들거니와 큰 비용과 시간도 부담이 된다.
꼭 전문가용 카메라가 아니더라도 성능 좋은 휴대폰 카메라 등을 이
용해 아이가 가장 편안하고 행복해하는 순간을 담는 것 또한 부모의
능력이다.

SNS에서 인기가 많은 셀프 성장 사진들의 특징을 보면 주변 소품
을 잘 활용하는 부모들이 많다. 그리고 아이의 개월 수, 날짜에 따라
성장하는 모습을 담기 위해 숫자 카드나 달력 등을 자주 사용한다.
이런 사람들을 통해 한 수 배우는 것도 좋은 방법인 듯하다. 시간이
지나고 나서 아이의 사진을 보면 이때가 생후 몇 개월 무렵이었는지

헷갈릴 때도 많기 때문이다. 성장앨범만큼은 SNS나 애플리케이션을 활용하는 것도 좋겠다. 사진을 올릴 수 있는 툴(tool)이나 올린 후에 기록을 남길 수 있는 방법이 워낙 다양하고 편리해 수많은 사진들을 미루지 않고 저장해둘 수 있다.

문제는 이렇게 어딘가에 쌓아둔 아이의 사진들을 이용해 앨범 형식으로 만들어주는 것이다. 부모라면 누구나 공감하겠지만 남들이 보기엔 다 똑같은 아이 사진도 부모 눈엔 모두 다르고 하나같이 예쁘기만 하니 대체 무엇을 고를지 선택하는 것부터가 고민이다. 그래서 나는 일주일에 한 번 정도 사진 고르는 시간을 가졌다. 한 주간 찍은 사진 중 가장 남겨두고 싶은 사진을 5장 정도로 추리면 한 달에 20장 정도가 된다. 1년이면 240장이니 이것도 많다. 그러니 6개월마다 100장 이내로 다시 골라 앨범을 제작한다. 1년에 2권의 앨범이 탄생하는 셈이다. 이것도 만 3살까지만 2권씩 남기기로 하고, 이후부터는 매월 10장 이내로 압축해 연간 1권의 성장앨범을 만들어주겠다는 계획을 세웠다.

사진만 골라놓으면 반 이상 해낸 것이나 다름없다. 사진을 인화해 앨범에 넣고 손수 코멘트를 다는 방법도 좋고, 마치 한 권의 책처럼 성장앨범을 제작해주는 사이트를 이용하는 것도 괜찮은 아이디어다. 두 아이를 양육하고 있는 지인은 아이의 성장앨범을 매년 1권씩 만들어왔다고 했다. 어느덧 초등학생이 된 아이의 역사가 책장 한편에 고스란히 꽂혀 있는 것을 볼 수 있었다.

큰 그림을 위한 스케치 작업

　육아일기와 성장앨범 등을 만들려면 여러 가지로 엄마가 참 부지런해야겠구나 싶은 사람도 있을 수 있다. 하지만 다시 생각해보자. 아이의 소중한 순간을 사진으로 찍고 기록하고 또 그것을 골라 무언가 유형물로 남겨줄 수 있다는 것은 어쩌면 부모의 기쁨과 보람이 더 큰 일이 아닐까. 그렇다고 지금 당장 무엇을 남기기에 급급해 눈앞의 소중한 순간을 놓치는 어리석음을 범하지는 말자. 나 또한 주위 엄마들과 비교하고 조급해 하며 어떻게든 무언가를 남기려고 애썼던 적이 있었다. 그럴 때는 그것조차 스트레스로 여겨졌다. 이렇게 주객이 전도되는 상황을 만들지 말자. 지금 해줄 수 있는 것들 외에 좀 더 여유가 된다면, 아이를 위해 무언가 남겨주고 싶다는 생각이 든다면 그때 해도 늦지 않다. 다만 막상 그때가 되어 너무 막막하지 않도록 나중에 그릴 큰 그림의 밑그림 정도로 (여기서 말한 방법을 활용해) 정리해보자.

직접 써보기

⭐ 오늘 찍은 아이 사진 중 가장 마음에 드는 사진을 골라보세요. 그리고 그 사진에 대한 간략한 코멘트를 달아보세요. (SNS에 올린 후 해시태그 '#우리아이를위한글쓰기연습' '#아이의공부머리키우는엄마표글쓰기'도 함께 남기면 더 좋겠네요♡)

미래의 아이에게
보내는 편지

    아주 오래전에 한 방송사에서 주최한 단편 드라마 공모전 당선작 중에 이런 내용이 있었다.

    평범한 삶을 살던 여자가 암에 걸려 시한부 인생을 선고받는다. 세월이 흘러 여자는 세상을 떠났고 그녀의 아이들은 성장했다. 그러던 어느 날 남편과 아이들은 그녀가 생전에 남긴 낡은 앨범을 발견하게 된다. 예전 사진들이 있겠지, 생각했던 앨범에는 뜻밖에도 현재 살아 있는 것처럼 나이 들고 늙어가는 그녀의 모습이 들어 있었다. 그리고 시간은 다시 과거로 간다. 시한부 선고를 받은 여자는 아이들이 성장하면서 마주치게 될 중요한 순간에 자신이 없으면 얼마나 외롭고 슬플까 하는 걱정에 어떤 준비를 하기 시작한다. 희끗희끗한 가발을 쓰고,

얼굴엔 주름을 만들고, 할머니 스웨터 같은 옷을 꺼내 입고는 사진을 찍는다. 그리고 사진 밑에 '우리 OO이 장가가는 날'이라고 적는다. 이런 식으로 아이가 중학교를 졸업하는 날, 대학교에 입학하는 날 등등 앞으로 일어날 미래의 순간에 자신이 늙어가는 모습을 연출해 사진을 찍고 간단한 글을 남겼던 것이다.

지금은 제목과 결말조차 가물가물한 드라마지만 드라마 속 엄마가 남긴 사진들이 어제 본 영상처럼 뇌리에 깊이 남아 있다. 드라마 소재로 흔하게 사용되는 시한부 인생과 관련된 내용이다 보니 앞으로의 전개는 뻔하겠지 했는데, 난데없이 마주친 반전은 더 큰 감동과 여운으로 다가왔다. 물론 드라마 속의 상황은 암울하고 극단적인 경우였지만 나도 언젠가 엄마가 된다면 아이가 성장한 미래에도 늘 함께 있을 거라는 믿음을 주고 싶었다. 그래서 아이를 낳고 엄마가 된 지금, 훗날 아이가 사춘기 청소년이 되고 성인이 되었을 때 엄마에게 얼마나 사랑받았는지 느낄 수 있을 만한 무언가를 남기기 위해 노력하고 있다. 그 노력 중 하나가 편지다.

편지를 받게 될 아이의 시점을 고려하자

이 편지글은 '미래의 아이에게 보내는 편지'인 만큼 아이가 미래의 어느 시점에 받을지를 고려해서 쓰는 것이 가장 중요하다. 만약

초등학교에 입학하는 아이에게 건넬 편지라면 되도록 어려운 용어
는 사용하지 말고 아이가 이해할 수 있게 최대한 간단한 단어를 쓰
는 것이 좋다. 혹 성인이 된 아이에게 줄 편지라면 지금의 엄마와 대
등한 입장에서 글을 이어나가도 괜찮을 것이다.

이렇게 편지를 읽을 아이의 시점과 단어, 문장의 수준을 정했다면
그다음부터는 아무런 기교도 필요 없다. 말 그대로 엄마가 아이에게
전하는 편지글인데 어느 누구의 조언이 필요할까. 그저 단 한마디
라도 진심을 담으면 충분하다. 쓰는 사람의 마음이 진심이고 전하는
글이 분명하면 이후의 감정은 받는 이의 몫이니까. 그것이 편지글의
또 다른 매력일 것이다.

다만 위에서 언급했듯이 너무 과한 기교를 부린다든지, 진심을 빙
빙 돌려 괜히 주변 환경에 대한 이야기를 늘어놓지 않도록 주의해야
한다. 미래의 아이가 보는 시점과 맞지도 않을뿐더러 뒤에 가서 진
심을 전한다 하더라도 그 의미가 무색해질 수 있다. 편지글은 담백
하고 솔직한 것이 최고다.

글로 전하는 엄마의 진심

여기서는 무엇보다도 이 세상에서 아이를 가장 사랑하고 걱정하
는 엄마의 마음만 가지고 글을 쓰도록 노력하자. 그렇다고 시한부

인생을 사는 드라마 속 주인공처럼 어둡고 무거운 마음으로 펜을 들 필요는 없다. 실제로 앞에서 언급한 드라마의 분위기는 의외로 밝고 따뜻했다. 드라마 속 엄마가 연출한 모든 사진에는 성장하는 아이가 자랑스러워 어쩔 줄 모르는, 엄마의 환하고 기쁜 표정으로 가득했으니 말이다.

편지는 쓰는 이의 감정이 받는 이에게 그대로 전달되어야 좋은 글이다. 걱정스럽고 우울한 엄마의 마음을 전달하기보다는 커가는 아이들에게 더 힘이 되고 격려가 될 수 있는 응원의 메시지를 보태주는 것은 어떨까. 아마 아이는 엄마의 후광을 입고 더 멋진 어른으로 성장할 수 있을 것이다.

⭐ 아이가 성장한 미래의 한 시점을 정한 뒤 편지글을 남겨보세요.

예: 중학교 입학 시점에 "어느덧 소년이 된 OO에게"
    대학교 졸업 시점에 "사회에 첫발을 내딛는 OO에게"

2장

아이와 함께하는 글쓰기

효과적으로
독서 지도하려면

　앞서 우리는 엄마 스스로의 감정을 다스리기 위해, 혹은 육아를 더 수월하게 하기 위해 글쓰기에 도전해보았다. 이제는 우리 아이와 함께 글 쓰는 습관을 만들어보고자 한다. 아이가 아직 글을 읽고 쓸 줄 모른다고 해도 습작은 시작할 수 있다. 아이가 이야기를 할 수 있고, 어떤 식으로든 본인의 감정을 표현할 수 있다면 그때부터 엄마는 글로써 아이의 마음을 대변할 수 있다.

　아이와 함께하는 글쓰기에 앞서, 1장 '아이의 재능, 독서에 답이 있다'에서 더 나아가 반드시 필요한 독서 지도에 관해 자세히 살펴보겠다. 연령대별로 독서 지도를 어떻게 하면 좋을지, 또 글쓰기로 어떻게 아이의 독서에 도움을 줄 수 있는지 생각해보자.

영아기(0~3세)의 독서

0~3세 영아기 아이들은 가능하면 시간이 날 때마다 최대한 많은 책을 읽어주는 것이 중요하다. 아이가 스스로 책장을 넘길 수 있다면 아이의 속도에 맞춰주어야 한다. 엄마가 내용을 읽는 데 집중해서 아이가 빨리 넘기고 싶어 하는데도 계속 붙잡고 있거나 천천히 읽기를 강요한다면 아이는 독서 자체에 지루함을 느낄 것이다. 이때는 엄마의 순발력을 최대한 발휘해 내용을 압축시키거나 필요한 단어만 이야기하고 넘어가야 한다. 반면 아이가 유독 관심을 보이는 장면이나 책이 있다면 끊임없이 반복해서 읽어주고 또 읽어줘도 좋다. 이 시기 아이들은 독서 편식을 하는 것이 당연하기 때문이다.

아이가 말을 할 수 있게 되고, 책 속에서 관심 있는 대상을 가리키거나, 실제 사물과 연결할 수 있게 되면 아이의 언어 능력이 폭발적으로 발달하는 시기다. 이때 엄마는 책장의 도서 목록을 다시 한번 체크할 필요가 있다. 아이가 성장하면 이에 발맞춰 영아기 도서를 정리하고 단순 사물 인지에서 벗어나 상상력을 유도할 수 있는, 새로운 이야기가 좀 더 추가된 도서를 채워줘야 한다. 더 나아가 아이의 발달 상황에 필요한 생활 도서(배변 유도, 이 닦기 등), 동식물·자연 관찰 도서 등으로 영역을 넓혀주면 좋다.

발달이 조금 빠른 아이는 글자를 완벽하게 쓰지는 못해도 글자에 가까운 그림을 그릴 수도 있다. 이때 엄마가 도와줘야 할 것은 아이의 실생활과 연관된 무한한 이야깃거리를 던져주는 것이다. 마치 『아라비안 나이트(천일야화)』처럼 아이가 반복해서 보는 그림책 하나로 수없이 상상할 수 있는 연결 고리를 만들어준다면 금상첨화다. 그렇다고 엄마가 매번 즉각적으로 모든 이야기를 만들어낼 수 있는 것은 아니기에 그간의 습작이 바로 이때 빛을 발휘할 것이다.

문제는 무언가 쓰고 있는 엄마의 모습을 보여주기가 생각보다 쉽지 않다는 점이다. 막상 엄마가 종이와 펜을 꺼내 들면 아이는 새로운 물건으로 장난을 치고 싶어 안달이 날 것이다. 그러나 아이의 장난을 방해로만 여기지 말고 낙서든 무엇이든 그것들과 친해지도록 시간을 주자. 글씨의 의미가 무엇인지 모르는 시기라 할지라도 눈에 보이는 곳에 쪽지와 메모를 붙여두고 활용하는 것도 중요하다. 엄마의 방식만 일관되고 확고하다면 나머지는 시간이 해결해줄 테니까.

책 대신 동요, 동영상과 먼저 친해져도 괜찮아요

우리가 익히 알고 있는 동요 〈얼룩송아지〉는 본래 박목월 시인의 시(詩)다. 이 밖에도 문학작품이 동요 혹은 가요로 불리거나 각색되어 다른 작품으로 발표된 사례는 수없이 많다. 아이가 책에 관심이 없고 독서에 거부감을 보인다면 다른 방법으로 책과 친해지도록 유도해보자.

최근에는 유튜브 애플리케이션도 키즈용이 따로 제작되어 부모가 시간을 설정해놓을 수 있다. 또 유해한 검색어를 미리 차단할 수도 있어 잘만 활용한다면 도움이 될 것이다. 아이가 너무 일찍부터 휴대폰을 접하는 것은 권장하지 않지만, 올바르게 활용할 수 있는 방법을 알려줄 필요는 있다고 생각한다. 특히 영상을 보여줄 때 주의할 점은 휴대폰을 수단으로서만 활용해야 한다는 것이다. 이를테면 책과 관련된 영상을 먼저 보여주다가 아이가 눈치채지 못할 만큼 자연스럽게 관련 도서를 옆에 두거나, 영상을 본 후 그에 관한 도서를 함께 보는 방향으로 유도해야 한다. 부모가 직접 책 읽어주는 것을 좋아하는 아이가 아니라면, 전문가가 직접 구연하는 영상을 보여주는 것도 좋은 방법이다.

아이에게 보여줄 추천할 만한 영상 하나를 소개한다. 『곰 사냥을 떠나자(We're Going on a Bear Hunt)』(마이클 로젠 지음, 시공주니어, 2017)는 노래도 있을 만큼 잘 알려진 책이다. 이 책의 저자 마이클 로젠(Michael Rosen)이 책의 내용을 직접 구연한 영상이 있다. (유튜브에서 저자의 이름이나 도서명을 검색하면 쉽게 찾을 수 있다.) 아이에게 아직 낯선 언어겠지만 하나의 상황마다 반복되는 구절이 마치 노래처럼 이어지면서 의성어, 의태어가 실감나게 연출된다. 그래서 한글이나 영어를 모르는 아이여도 충분히 즐겁게 감상할 수 있다. 책과 함께 반복해서 보여주면 이야기에 대한 아이의 호감도가 상승함은 물론, 책과 조금 더 친해지는 데 큰 도움이 될 것이다.

유소년기의 독서 지도

아이가 긴 문장을 말할 수 있고, 이야기를 지어낼 수 있으며, 글을 쓸 수 있는 시기(5세 이후)가 오면 엄마의 습작은 마침내 때를 만나 아이의 정서와 언어 발달에 시너지 효과를 불어넣어줄 수 있다. 이 시기의 아이들은 아무래도 글보다는 그림이 더 편할지도 모른다. 단순한 형태의 그림을 그리고 그것에 대한 설명을 말로 늘어놓는 식이다. 이때 엄마는 아이의 두서없는 이야기를 놓치지 말고 하나의 그림책처럼 이야기로 옮겨주는 역할을 해야 한다. 일종의 서기관처럼, 그러나 날것 그대로 옮기기보다는 아이의 의중을 정확히 파악해 요점만 다듬어서 그림에 대한 부연 설명을 이야기로 만들어준다. 이에 대한 구체적인 방법은 뒤에 나올 '아이가 직접 쓰는 동화와 독서감상문'에서 더 자세히 짚어보도록 하겠다.

글쓰기는 생활처럼

초등학생 이후, 아이와 글을 주고받을 수 있을 정도의 시기가 온다면 아이와 간단한 내용이라도 편지나 쪽지를 통해 쓰는 습관을 확실하게 굳혀야 한다. 때로는 말이나 휴대폰 메시지로 할 법한 간단한 의사소통을 글로 옮긴다는 것이 불필요하고 귀찮게 느껴질 수도 있다. 하지만 이 작은 습관이 만들어내는 힘은 우리가 가늠할 수 없을 정도로 강하다. 흘려보내는 백 마디 말보다 가둘 수 있는 한 문장을 위해 오늘부터라도 당장 쓰고 또 쓰는 습관을 생활화하자. 쉽게 뱉을 수 있는 말보다 한 번이라도 더 생각하게 만드는 글은 단순히 습관의 차원을 넘어 엄마와 아이의 올바른 인격 형성에도 커다란 영향을 미칠 것이다.

　모든 일이 그렇지만 글쓰기 역시 반복을 거듭해야 완성에 이를 수 있다. 많은 이들이 어느 날 갑자기 번개처럼 번뜩이는 문구가 떠올라 자기도 모르게 술술 풀리는 천재적인 영감을 기대한다. 하지만 우리가 이미 천재라고 알고 있는 유명한 작가들 모두 꾸준한 습작기를 거쳤다. 셰익스피어는 본인의 작품을 발표하기 전까지 선배 작가의 희곡을 부분적으로 수정하는 조수에 불과했으며, 『토지』를 완성한 소설가 박경리는 "삶이 곧 습작"이라는 말을 남기기도 했다. 그러니 평범한 엄마들도 계속해서 글 쓰는 습관을 들인다면 얼마든지 아이를 위한 멋진 이야기를 만들어낼 수 있다.

⭐ 아이가 자주 읽는 그림책을 골라 다양한 각도로 이야기를 만들어봅
시다. 우선 짧은 문장으로 세 가지 버전을 준비해보세요.

예:『신데렐라』각색하기

– 각색 1. 생활 동화 버전: 신데렐라가 새엄마와 언니들을 설득해서 모
　　　　두 사이좋게 지낸다.

– 각색 2. 자연 관찰 버전: 유리구두는 너무 쉽게 깨지지 않을까?

– 각색 3. 상상 동화 버전: 사실 왕의 딸(공주)이었던 신데렐라! 뒤늦게
　　　　알게 된 신분을 회복하고 엄마인 왕비와도 재회한다.

가족일기는
소통의 시작이다

    예전에는 '가족일기'라고 하면 흔히 방학 과제로 만들던 '가족신문' 같은 이미지가 떠올랐다. 가족들의 사진을 붙이고, 프로필을 적고, 주요 사건들을 기사 형식으로 쓰는 숙제. 아마 한 번쯤은 다 해봤을 것이다. 내가 어렸을 때도 비슷한 과제가 있어서, 우리 가족은 일부러 그럴듯한 사진을 찍으려고 놀이동산에 놀러 가고, 잘 나온 사진을 골라 붙이며 어찌 보면 홍보에 가까운 글쓰기에 열을 올렸던 기억이 난다. 하지만 그것은 어디까지나 다른 사람에게 보여주기 위해 가족의 모습을 꾸미거나, 가장 이상적인 형태의 가정을 만들어낸 것에 가까웠지, 그다지 자연스럽지 못했던 것이 사실이다. 가족신문을 만들면서 우리 가족은 서로 가까워졌을까? 다른 집은 어땠을지 모르겠으나 나는 곧바로 "아니오."라고 대답할 수 있을 것 같다.

남에게 보여주기 위해 쓰는 글, 특히 사생활의 대부분을 차지하고 있는 가족에 관한 이야기를 여과 없이 그대로 보여주기란 사실 쉬운 일이 아니다. 굳이 그렇게 할 필요도 없다. 그러나 가족신문, 가족일기의 본래 취지가 가족 간의 화합 도모라면 이야기가 좀 달라진다. 더 이상 학교에 숙제로 제출하기 위해, 다른 친구나 선생님에게 보여주기 위해 가족의 모습을 꾸미지 말자. 이제부터는 진심으로 우리 가족 구성원 개개인의 문제를 함께 고민하고 현명하게 소통하기 위한 도구로 가족일기를 활용해보자.

가족일기의 목적은 상호 간의 소통에 있다

일기라고 해서 의무적으로 하루 동안 일어났던 일을 주저리주저리 늘어놓을 필요는 없다. 본인이 그렇게 하고 싶다면 모를까 가족일기의 기본적인 목적은 서로에 대해 곧바로 꺼내기 힘든 말을 한번 더 생각하고 적어보는 데 있다. 그 예로 전 축구선수 안정환의 가족은 '가족 건의함'이라는 것을 만들었다고 한다. 가족 건의함을 만들게 된 계기는 아이들이 성장하고 사춘기가 찾아오면서 부모가 보기에 다소 거칠거나 버릇없어 보이는 행동을 반복했기 때문이다. 그럴 때마다 매번 아이를 혼내고 다그치기보다는, 무엇에 화가 나 있고 왜 불만을 가지게 되었는지 원인을 먼저 찾아보고자 한 노력에서 기인한다.

아이는 어른보다 인내심이 부족하고 감정 변화에 더욱 솔직한 편이다. 그러니 만약 우리 아이가 최근 들어 더욱 어긋난 행동을 보이거나 무언가 불만이 있다고 느껴진다면, 그 원인을 먼저 찾아보려고 노력하는 것이 현명한 부모의 태도일 것이다. 물론 현실에서 바로 적용하기 힘든 수많은 난관이 존재한다. 부모 뜻대로만 자라주는 아이가 몇이나 있을까? 그래서 우리는 최대한 직접 부딪히고 싸우는 부정적인 상황을 줄이기 위해 또다시 무언가 적는 방법으로 방향을 바꿔보는 것이다.

이때 부모가 "네 불만이 뭔지 당장 적어봐!"라는 식으로 성급하고 강압적인 태도를 보인다면 이런 노력은 모두 무용지물이 될 것이다. 그렇다고 일기나 건의함을 만들게 된 배경, 이로 인해 기대되는 미래에 대해 구구절절 설명할 필요도 없다. 그저 상황을 던져주고 기다리기만 하면 된다. 예나 지금이나 부모의 역할 중 가장 큰 것은 기다림, 결국 아이를 믿고 기다리는 일이 최선일 것이다.

가족일기의 형식 또한 개별 가정의 특성에 맞게 정하는 것이 좋다. 위에서 말한 건의함처럼 쪽지 형식으로 서로에 대한 불만이나 바람, 의견 등을 익명으로 간단하게 적어 바구니에 넣을 수도 있다. 아니면 학창 시절 친구와 편지를 주고받던 것처럼 노트나 수첩을 이용해 지정된 장소에 놓고 서로에게 남기고 싶은 말을 전하는 방식도 좋을 것이다. 다만 휴대폰 애플리케이션이나 메시지보다는 손으로 직접 쓸 것을 권한다. 우리가 이런 과정을 거치는 이유는 어디까지나 가족 간에 바람직한 의사소통을 하기 위한 것이기 때문이다. 전파를 타고 오는 무미건조한 글이나 즉각적인 대응은 말과 크게 다르지 않아서 별 의미가 없다. 가능하면 짧은 내용이라도 직접 손으로 작성해 주고받도록 하자.

★ 건의함, 일기, 메모 등 가족일기의 형식을 함께 의논하고 실천해보세요. 아래 공간에는 엄마가 먼저 자녀 혹은 남편에게 하고 싶은 말을 적어보세요.

⭐ 서로의 글을 주고받았다면 같은 상황에서 '나라면 어떻게 했을까?' 입장을 바꿔 생각해보고, 다시 한번 이야기 나눠보세요.

편지글에도
원칙이 있다

　가족일기와 마찬가지로 편지는 아이가 글을 읽고 쓸 줄 알며, 작문이 가능한 수준이어야 시작할 수 있다. 아이가 아직 어려 글로 생각을 나눌 수 없다면 아이와 글로 소통이 가능해지는 날까지 엄마가 먼저 쓰면서 기다려주자. 아마 지금 이 책을 읽고 있는 엄마만큼 아이와 소통하고자 마음을 열고 준비하고 있는 엄마도 없을 것이다.

　최근에는 문자, 메일 등이 편지지에 펜으로 써 내려가던 예전의 편지글을 대신하고 있지만 쉽게 쓴 글은 쉽게 잊히기 마련이다. 말로 하기 어려운 마음을 표현할 때, 받는 이에게 좀 더 확실하게 진심을 전하고 싶은 때는 정성 들여 쓴 편지만큼 효과적인 방법이 없다. 보다 신중을 기하게 되는 편지글, 여기에는 일정한 형식이 따른다.

형식이 중요한 편지글 쓰기

교과서에서 편지글을 배울 때면 으레 '서간문' '서한문'이라는 단어가 등장한다. 편지는 상대에게 전하고 싶은 말을 글로 대신 적어 보내는 서신이다. 이러한 문학의 장르적 측면에서 보자면 대상이 정해져 있다는 것만 다를 뿐 일종의 수필과 같다. 그런데 웃어른에 대한 예의를 중시하는 우리나라에서는 대상에 따라 글의 형식이 엄격해질 수도 있다. 그래서 편지글은 다른 글과 달리 기본적인 틀이나 형식을 갖춰야 하는 경우가 종종 있다. 특히 학부모 입장에서 아이를 가르치는 선생님께 편지를 쓰거나, 아이가 선생님께 쓰는 편지를 지도할 때는 기본적인 예의를 꼭 갖춰야 한다.

상대방의 호칭을 명확히 설정한다

'홍길동 선생님께' '김순희 할머님께'와 같이 편지를 받는 상대에 대한 호칭을 분명히 하며, 편지글이 끝날 때까지 대상을 지칭할 일이 있을 경우 일관된 호칭을 유지해야 한다.

첫인사와 끝인사를 먼저 정해놓고 시작한다

날씨, 안부, 존경과 감사 인사 등 목적에 맞는 인사말을 먼저 결정한 뒤 본론의 내용을 작성하는 것이 좋다.

문장의 종결어미는 일관되게 유지한다

'~했어요.' '~했습니다.'를 혼용해 쓰지 않도록 주의하고 한 가지 종결어미를 선택해 일관되게 유지하자. 다만 웃어른께 예의를 갖춰 써야 하는 편지라면 '~입니다.'의 형태가 더 바람직하다.

맨 마지막에는 보내는 사람의 이름을 정확히 기재한다

'○○○ 올림' '○○○ 드림'과 같이 띄어쓰기에 다시 한번 유의하고 본인의 이름을 정확하게 적는다. 편지를 쓴 날의 날짜를 함께 기재할 경우 날짜를 먼저 적고 자신의 이름을 쓴다.

정확한 용어 사용에 초점을 맞추자

편지글은 상대에게 자신이 전달하고자 하는 바를 명확히 전달하는 데 목적이 있다. 특별한 기념일(생일, 크리스마스 등)이라 정해진 인사말이 있는 상황이 아니라면 화려한 감탄사나 지나친 미사여구의 사용을 피하자. 가능한 한 전하려고 하는 내용이 정확하게 담긴 단어와 문장을 사용해야 한다.

<참고> 목적에 따른 봉투 겉면 쓰기

- 임신과 출산: 祝 出産(축 출산), 慶賀順産(경하순산)
- 아기의 돌: 慶賀晬筵(경하수연)
    → 한글로 '첫 생일을 축하합니다.' 등으로 순화해 쓸 것을 권한다.

- 졸업: 慶賀卒業(경하졸업), 祝 卒業(축 졸업)

- 혼인: 慶賀婚姻(경하혼인), 祝 婚姻(축 혼인)

　　　　→ '축 화혼' '축 결혼'보다는 '축 혼인'이라는 표현이 더 바른 표현이다.

- 이사: 慶祝說産(경축설산), 祝 轉移(축 전이)

- 개업과 이전: 慶祝開業(경축개업), 祝 發展(축 발전)

- 생일과 생신: 賀祝生日(하축생일), 祝 生辰(축 생신)

- 문병: 祈祝快癒(기축쾌유), 回春(회춘)

- 장례, 조문: 賻儀(부의)

- (노고에 대한) 사례: 幣帛(폐백), 謝禮(사례)

※ 성과 이름은 붙여쓰기, 호칭어나 관직명은 띄어쓰기(예: 김철수, 이영희, 홍길동 /김
　철수 씨, 이 사장, 홍 선생님, 백범 김구 선생)를 한다. 그러나 예외적으로 성과 이름
　을 분명히 구분할 필요가 있으면 띄어쓰기할 수 있다(예: 남궁 철수, 선우 영희).

직접 써보기

★ 편지글 형식에 주의해 자녀의 선생님께 연하장 또는 감사의 편지를
써보세요.

★ 아이에게도 선생님 또는 부모님께 편지를 쓰도록 해보세요.

관찰일기는
어떻게 써야 할까

　보통 아이가 초등학생 이상이 되면 날씨와 달의 변화 같은 자연 부문, 집에서 기르는 동식물·곤충 등을 관찰하고 기록하는 생물 부문의 관찰일기를 작성할 기회가 생긴다. 일부 유치원에서는 초등학교에서 이루어지는 자연·관찰 탐구 부문의 선행학습으로 간단한 텃밭 가꾸기 및 관련 활동을 하면서 일지의 초안을 작성하게 하기도 한다. 이러한 탐구 활동을 통해 아이는 집중력과 끈기를 얻게 되며, 자연스럽게 우리 삶을 둘러싼 생태계 순환의 원리를 이해하고 자연과 환경에 대한 윤리 의식까지 갖출 수 있는 계기가 된다.

　관찰일기 역시 다른 글쓰기와 마찬가지로, 평소에 관심 있게 보던 책 속에서 관찰할 대상을 찾는다면 더욱 쉽게 접근할 수 있다.

무엇을 관찰할까?

관찰하고 싶은 대상을 정했다면 관찰일기를 작성하기에 앞서 먼저 해야 할 일이 있다. 바로 그 대상의 무엇을 관찰할 것인가를 확실히 정하는 것이다. 막상 관찰을 시작하면 도대체 무엇을 보고자 이일을 시작했는지 논점이 흐려지는 경우가 많다. 이를 방지하기 위해 관찰일기 맨 앞쪽에 관찰을 시작하게 된 동기, 즉 무엇을 관찰할지에 관한 내용을 옮겨두고 본론의 일기로 넘어갈 것을 추천한다. 이는 앞으로 관찰을 하며 가장 주의 깊게 지켜봐야 할 주요사항이 될 것이다. 그리고 매번 일기를 작성하기 전에 다시 한번 스스로 정한 내용과 같은 방향으로 탐구가 진행되고 있는지 가장 먼저 확인하고 관찰을 시작한다.

관찰일기 작성 방법

관찰일기의 틀은 대상을 무엇으로 정하는가에 따라 달라진다. 시중에 이미 나와 있는 관찰일기용 노트를 이용해도 좋고, 누군가 만들어놓은 양식을 참고하는 것도 하나의 방법이다. 그러나 아이가 미취학 아동이거나 관찰일기를 처음 써보는 단계라면 일기의 양식부터 스스로 결정하게 하는 것이 더 바람직하다. 그래야 무엇을 어떻게 관찰하고 정리할지를 더 주체적으로 파악하고 진행해나갈 수 있다.

관찰일기는 그림 혹은 사진, 글 등 어떤 방법으로 세부 묘사를 해도 무방하지만 반드시 지켜야 할 원칙이 있다.

1. 관찰한 날짜와 시간을 반드시 기록한다.

2. 날씨, 온도, 습도 등 주위의 환경 변화를 함께 기록한다.

3. 새롭게 알게 된 사실을 우선으로 기록한다. (만약 이전과 크게 다른 변화가 없다면 기록하지 않고 기다렸다가 작성해도 무방하다.)

4. 무게와 양의 단위는 반드시 하나로 통일한다.

5. 도서, 인터넷 검색 등 참고 자료에 대한 정보를 표기해둔다.

위 내용을 바탕으로 꾸준히 작성하다 보면 방학 과제도 문제없이 해결할 수 있을 것이다. 관찰 과정에서 아이와 함께하는 시간이 늘어나는 것은 덤이다.

⭐ 관찰일기를 쓰고 싶은 대상을 정하고 구체적으로 대상의 어떤 부분을 관찰하고 싶은지 기록해보세요.

예: 강낭콩 – 강낭콩은 어떤 순서로 자랄까?
　　개미 – 개미는 어떻게 길을 찾을까?

관찰주제	강낭콩의 발아 과정
관찰일시	2020년 4월 5일 오전 11시
날씨 및 변화	흐림, 온도(+7℃) 및 습도(30%) 증가
관찰내용	(실험 시작) D+7 떡잎이 나옴 - 그림 혹은 사진 - 색, 모양, 발견 위치 등 상세 기술
참고 자료	-『강낭콩 관찰하기』(A출판사) 　참고 자료와 비교해 새롭게 알게 된 점 기록하기

⭐ 관찰일기 작성 방법을 참고해 관찰일기를 만들고 아이와 이야기 나눠보세요.

관찰주제	
관찰일시	
날씨 및 변화	
관찰내용	
참고 자료	

코딩과
스토리텔링

　아이가 어느 정도 말을 할 수 있게 되면 부모가 무조건 아이와 함께 놀아주려고 하기보다는 잠깐이라도 혼자 놀 수 있는 시간을 주는 것이 필요하다. 조금 서툴고 조심스러운 부분이 있더라도 부모의 시야에서 크게 벗어나지 않는 범위라면 아이는 서서히 혼자 노는 법을 터득해나간다. 좋아하는 장난감을 가지고 기억에 남는 일상을 재연하기도 하고 사물을 의인화해 역할극을 벌이기도 한다. 그렇게 아이는 스스로 조금씩 스토리텔링이 가능해진다. 여기서 엄마가 아이의 스토리텔링을 도와주는 방법은 무엇일까?

　아이가 노는 주제와 관련된 그림책을 보며 아이 스스로 질문하고 대답하며 다른 것을 유추해볼 수 있게 돕는 것이 기본적인 방법이다. 그 외에도 아이의 성향과 관심도에 따라 그림, 음악, 스킨십 등으로 접근할 수도 있다. 그도 아니면 아이가 즐겨 보는 애니메이션이나 동영상을 함께 보면서 유사한 상황을 설정해 이야기를 만들어 보는 것도 좋다.

미래 산업의 중심, 코딩

최근 소프트웨어 교육이 초등 정규 교과로 편성되면서 유아·아동의 코딩 교육에 대한 관심이 매우 높아지고 있다. 코딩(coding)은 컴퓨터 프로그래밍의 다른 말로, 컴퓨터 언어를 이용해 프로그램을 만드는 작업을 뜻한다. 이러한 코딩은 미래 산업에 꼭 필요한 교육으로 이슈가 되고 있다. 애플의 창업자 스티브 잡스가 프로그래밍 작업은 생각하는 방법을 가르쳐준다고 이야기했을 정도다. 그런데 코딩과 스토리텔링(storytelling)은 어떤 관계가 있을까?

코딩은 우리 부모 세대에게는 조금 낯설게 느껴지는 단어인데, 일단 컴퓨터, 명령어, 프로그램 등의 이미지가 먼저 떠오른다. 특히 문과 계열 전공자들은 단순히 수학·과학 분야와 관련된 것으로 치부해 거부감이 먼저 들 수도 있겠다. 그러나 코딩 역시 이때까지 우리가 꾸준히 연습해온 글쓰기와 크게 다르지 않다.

코딩에서 가장 중요한 알고리즘(algorithm)은 주어진 문제를 논리적으로 해결하기 위한 절차 혹은 방법, 명령어를 모아놓은 것이다. 이는 컴퓨터나 수학적인 사고로 이루어지는 언어 외에 비수학적인 것 혹은 사람 손으로 해결할 수 있는 모든 것을 포함한다. 즉 상대에게 전하고자 하는 이야기를 설득력 있게 만들어가는 스토리텔링의 과정과 하나의 프로그램을 만들어가는 코딩의 과정은 둘 다 눈에 보이지 않지만 분명히 유사한 체계가 존재한다. 또한 창의력을 발휘해야 가능하다는 점에서 유사한 방식으로 진행된다고 볼 수 있다. 다만 이때 기억해두면 좋은 점은 어디까지나 아이의 선호도를 고려해야 한다는 것이다.

이야기를 코딩하라

가령 축구를 좋아하는 아이라면 하나의 축구 경기를 전반-후반 시간의 흐름에 따라 이야기로 만든다. 이를 다시 간결하고 체계적인 문장으로 끊어 정리한 뒤, 컴퓨터 명령어로 변환하고, 미리 정해놓은 틀에 대입해 축구 게임을 만들어볼 수도 있을 것이다.

여기서 주의할 것은 상상력을 기반으로 하는 스토리를 컴퓨터 언어로 바꾸는 코딩은 반드시 명확한 기준과 간결한 언어로 정리해야 한다는 점이다. 컴퓨터가 이해하지 못하는 두루뭉술하고 애매모호한 말은 변환되기 어렵기 때문이다. 예를 들어 '무거운 짐을 많이 옮겼다.'라는 문장에서 '무거운'에 대한 정의(예: 10kg 이상)와 '많이'에 대한 정의(예: 5개 이상)가 반드시 필요하다는 뜻이다.

마치 블록을 쌓거나 퍼즐을 맞추는 것과 같이 여러 조각으로 나누어진 생각이나 개념들을 모아 하나의 알고리즘을 만들고, 이 자체로 어떤 이야기 혹은 프로그램이 되게 하는 것. 이것이 바로 코딩이며 스토리텔링이다. 이 과정에서 결과가 어떻게 나오든 상관없이 아이들의 문제 해결 능력과 사고력, 창의력이 자란다. 또한 아이들은 이전에 없던 새로운 상황을 만들어낼 수도 있다. 그렇기 때문에 글쓰기의 기본 과정인 스토리텔링을 코딩에 접목시켜 아이와 놀아주거나 가르쳐줄 수 있다면 우리가 기대하는 것보다 훨씬 더 발전적인 미래를 열어줄 수 있을 것이다.

아직 정확한 언어 구사가 어려운 영유아에게는 다소 어려운 접근일 수 있다. 일단 중요한 것은 아이가 좋아하는 물건이나 상황을 이용해 체계적인 이야기로 만드는 일을 습관화하는 것이다. 이후 아이가 스스로 이야기를 만들고 사건의 전후 관계를 정리하기 시작하면 코딩과 연결해 다음 도표와 같이 발전시켜나갈 수 있다. 코딩에 관한 자세한 방법과 교육은 관련 전문기관이나 서적 등을 참고해 도움을 얻을 수 있다. 우리가 먼저 해야 할 일은 아이의 상상력을 구체화해 밖으로 끌어내는 것, 그리고 그것을 잘 다듬어 정리하는 훈련이 몸에 배도록 도와주는 것이다. 이야기의 코딩화 과정은 무엇보다 논리적 개연성이 중요해, 아이의 사고력 발달에도 큰 도움을 줄 수 있다.

자료 수집

친구들이 놀이터에서 놀고 있다. 차례를 지켜 미끄럼틀을 타는 친구들은 끝까지 즐겁게 놀았지만, 서로 그네를 타겠다고 밀치며 다투던 친구들은 결국 아무도 타지 못하고 다치기만 했다.

분석 및 정리

- 놀이터에서 지켜야 할 규칙
- 친구와 같이 놀 때 하면 안 되는 행동

알고리즘 만들기

배경: 놀이터 / 주인공: 친구 1, 2, 3 / 놀이기구: 미끄럼틀, 그네, 시소

친구 2, 친구 3 점프(순서 무시, 먼저 놀이기구 탈 경우 자동 퇴장)

친구 1 뒤에서 친구 2가 5초간 기다림(차례를 지켰을 경우 다음 기구로 이동)

직접 써보기

⭐ 스토리텔링

아이가 최근 가장 흥미 있어 하는 놀잇감(캐릭터 등)으로 한 가지 상황을
설정해 이야기를 만들어보세요.

★ 코딩

옆에서 만든 이야기를 컴퓨터 명령어로 옮길 수 있게 구체화해 수정한
뒤 간단한 도형을 이용해 하나의 알고리즘을 만들어보세요.

아이가 직접 쓰는
동화와 독서감상문

　최근에는 아이의 자존감을 높여주기 위해 아이의 실명을 넣어 책을 만들어주거나, 아이가 직접 만든 이야기와 그림을 편집해 책으로 만들어주는 업체들이 많다. 또한 스마트폰 애플리케이션을 이용해 엄마가 직접 사진과 글을 넣거나, 기존에 출판된 책에 아이의 이미지를 바꿔 넣어 우리 아이만의 동화책을 만들기도 한다. 이렇게 자기만의 책을 만들 수 있는 방법이 매우 다양해지고 있다.

　아이의 연령과 관심도를 고려해 책을 만들어주는 방법은 선택의 문제다. 아이가 어느 정도 간단한 문장으로 대화할 수 있고, 글을 쓸 수 있다면 최대한 아이의 생각을 존중해주는 것이 무엇보다 중요하다. 너무 당연한 이야기라 따로 언급하는 것조차 무색한 듯 보이지만, 실제로 많은 엄마들이 막상 책을 만든다고 하면 아이의 의견보다는 본인의 욕심이 앞서는 모습을 종종 보인다. 설사 문장이 뒤죽박죽이라 이야기가 자연스럽지 않더라도 아이가 끌고 나가는 세계에 지나치게 개입하지 말고 마음의 눈으로 보며 이해하려고 노력해야 한다.

아이의 가능성은 어른의 눈으로 볼 수 없다. 이미 어른이 되어버린 우리의 사고방식은 때로 아이들이 꿈꿀 수 있는 수많은 세계를 제한할 수도 있다. 바꿔 말하면 이러한 점에서 아이들에게는 언제나 우리보다 더 큰 가능성이 있다. 엄마는 어디까지나 그 가능성을 믿고 도와주는 조력자가 되어야 한다. 책을 만드는 일 역시 마찬가지다. 아이들의 작은 실수만 크게 보지 말고 그 속에서 빛나는 하나의 단어, 한 줄기 생각을 곱씹어보는 것에 초점을 맞춰야 한다. 이를 부풀리고 부풀리다 보면 곧 하나의 이야기가 된다. 어찌 보면 이야기는 우리가 만드는 것이 아니라 저절로 만들어지는 것일지도 모른다.

동화의 주인공은 바로 '나': 주어 바꾸기

한 권의 책을 만들기 위해 가장 먼저 해야 할 일은 당연히 좋은 그림책을 많이 읽는 것이다. 여기서 말하는 좋은 그림책은 어디까지나 아이 기준이다. 어떤 아이는 유독 글이 많은 이야기를 좋아할 수도 있고, 어떤 아이는 색감이 단순하면서 수학·과학 혹은 자연 탐구 영역에 관심이 많을 수도 있다. 그렇기 때문에 셀프 그림책 제작을 위해서는 먼저 아이의 관심도에 따라 동화의 큰 카테고리(생활 동화, 수학·과학, 자연 탐구, 사회, 창작 등)를 선택해야 한다. 그 분야에서 가장 즐겨 보는 책을 골라 모방하는 것부터 시작해보면 좋다. 그림을 그대로 따라 그리거나 같은 이야기에서 주어만 (아이의 이름으로) 바꿔보는 등 작은 변화를 주어 아이의 자존감을 살리는 것이 목적이다.

그렇게 아이 스스로 간단한 각색을 해보았다면 다음 단계로 넘어가기에 앞서 엄마와 아이의 역할 놀이를 추천한다. 평소 아이가 좋아하는 캐릭터를 활용해 특정한 상황을 설정하고 서로 각자의 캐릭터에 충실해 이야기를 나눠보는 것이다. 간단한 일이지만 의외로 아이가 평소에 가지고 있던 많은 생각을 들어볼 수 있는 좋은 기회가 될 수 있다. 그렇게 의견을 나눴다면 이를 토대로 시간의 순서에 따라 이야기를 글로 옮겨보고 그림으로 표현해본다. 그것이 바로 아이만의 두 번째 동화책이 될 것이다.

대답이 더 즐거운 질문 만들기

세 번째 동화책은 일종의 그림일기와 유사한 방식이다. 이제부터는 '무'에서 '유'를 창조해야 한다. 무언가를 단순히 모방하는 것에서 벗어나 진짜 자신의 이야기를 할 수 있어야 한다. 밥을 먹고 잠을 자고 친구와 놀았던 이야기라도 매일이 다르다. 아이가 일상을 나열하듯 이야기를 반복한다면 좀 더 세분화된 질문을 던져 특별함을 이끌어내자. 예를 들어 아이가 "오늘도 집에 돌아와 손을 씻고 밥을 먹었다."라고 썼다고 가정해보자. 그러면 엄마는 "손을 씻을 때 부엌에서는 어떤 냄새가 났어?" "밥은 어떤 반찬이랑 먹었니?" "그걸 먹을 때 엄마는 ○○에게 무슨 말을 했지?"와 같이 시각, 청각, 후각 등 오감을 통틀어 아이를 더 자극할 수 있는 질문을 던지고 더욱 새로운 대답을 유도하려고 노력하는 것이다.

아이를 다그치듯 묻거나 흥미가 사라질 정도로 지루한 상황이라면 잠시 중단하는 것이 좋다. 어디까지나 아이가 직접 동화를 만드는 과정, 즉 스토리텔링을 통해 일상의 새로운 즐거움과 자존감을 찾아주는 것이 우리의 목적이라는 것을 잊지 말아야 한다.

아이가 자신의 이야기를 쓸 수 있게 된다면 다음은 아이의 상상력에 날개를 달아주는 일만 남았다. 소재가 무엇이든, 분량이 단 한 컷이라 할지라도 머릿속에 떠오르는 것, 생각하는 바를 글이나 그림으로 옮길 수 있도록 늘 필요한 재료를 옆에 두고 격려해줘야 한다. 아이가 하나의 이야기를 완성할 때마다 아낌없는 칭찬과 더불어 이전까지 미처 생각해보지 못한 방향을 제시해주는 것도 하나의 팁이다. 부모와 아이가 함께 만드는 동화는 출판을 전제로 하는 것이 아니기 때문에 완벽하게 마무리할 필요는 없다. 그저 이런 과정을 통해 아이의 생각하는 능력이 한 뼘 더 자라는 것으로도 충분하다.

동화책을 만드는 도구는 앞에서 언급했듯이 다양한 방법이 있다. 아직 글을 모르는 어린아이라면 스케치북에 그림을 그리거나 스티커를 붙이는 방식으로 참여를 유도하는 것도 좋다. 엄마가 이야기를 붙여 하나뿐인 책을 완성하는 것도 가정에서 손쉽게 할 수 있는 그림책 만들기 놀이가 될 것이다.

앞서 말했듯이 시중에는 아이의 이름과 실제 모습이 담긴 사진을 주면 맞춤 동화책 제작이 가능한 사이트도 여럿 있다. 또 '포토스캐너' '마이콘' '이레이저' 등의 사진 애플리케이션을 이용해 기존 그림책 위에 아이의 얼굴을 삽입해 셀프로 제작하는 방법도 있다. 이를 활용해 단 하나뿐인 아이만의 동화책을 선물하는 것도 잊지 못할 추억거리다. 평소 책에 관심이 없던 아이도 자신만의 동화책 만들기에는 흥미를 보인다고 하니 참고하기 바란다. 어떤 형식이 되었든 동화책을 만드는 일은 엄마가 직접 우리 아이의 이야기를 아이와 함께 만들어가는 소중한 과정이다.

직접 써보기

⭐ 본문에서 이야기한 아래 방법들을 활용해 아이와 함께 직접 동화책
을 만들어보세요.

1. 동화 카테고리 설정하기
2. 좋아하는 그림책 따라 하기
3. 역할 놀이
4. 그림일기(아이의 이야기)
5. 동화책 만들기

아이에게 독서감상문 쓰기를 지도할 때 부모나 선생님은 흔히 '고정관념'에서 비롯된 실수를 저지르곤 한다. 아이는 처음이지만 어른은 익히 알고 있는 도서라면 더욱 그렇다. 봉사인 아버지가 앞을 보기를 바라는 마음으로 인당수에 뛰어든 심청은 정말 효녀일까? 마녀에게 목소리까지 내주면서 왕자의 행복을 빌었던 인어공주의 선택은 과연 옳았던 것일까?

대부분의 고전에는 의인과 악인이 존재한다. 그렇게 이미 결정된 사실만 각인되어 있는 어른은 그것을 뒤집어 생각하기 어렵다. 그래서 하나의 도서를 주제로 작성한 아이들(동일 연령 기준)의 감상문을 보면 내용이 크게 다르지 않다. 만약 글쓰기대회처럼 수상을 전제로 한다면 그 심사 기준은 무엇일까? 모두 비슷한 글 속에서 우선 이목을 끌 만한 글이 되려면 접근 방식부터 참신해야 한다. 그래야 새로운 생각, 전혀 다른 글이 나올 수 있다. 그렇기 때문에 독서를 하고 감상문을 쓸 때는 글을 쓰기 전에 모든 인물의 성격과 상황에 의문을 가져야 한다.

이는 앞에서 연습한 것처럼 자기만의 동화를 만들어가는 과정과 매우 유사하다. 등장인물이 어떤 상황에서 왜 그렇게 했는지, 그것이 옳은 선택이었는지, '나'라면 어떻게 했을지를 고민해보고 거기서부터 감상을 시작하는 것이 좋다. 모두가 아는 줄거리는 내용상 필요한 부분이 아니라면 생략하는 것이 더욱 효과적이다.

　과학서, 역사서 등 객관적 사실을 바탕으로 한 독서감상문일 경우에는 아이의 연령과 지적 수준을 고려해 최대한 본인이 직접 깨달은 정보가 무엇인지를 먼저 정리한다. 그리고 그에 대한 내용을 책과 비교해 자신이 알고 있는 것과 같거나 다른 점, 새롭게 알게 된 사실 위주로 이야기를 풀어나간다. 감상문의 서두에는 관찰일기와 마찬가지로 독서를 통해 무엇을 알고자 했는지, 즉 목적과 동기를 분명하게 밝히고 시작하는 것도 전체적인 글의 완성도를 높이는 방법이 될 수 있다.

⭐ 어릴 적 읽었던 동화 중 가장 기억에 남는 동화를 다시 한번 읽어보고, 현재 나의 상황과 시선에서 내가 주인공이라면 어떤 말과 행동을 했을지 생각해보세요. 주어를 '나'로 바꾸거나, 의인과 악인을 서로 반대 입장에서 생각해보면 쉽습니다. (아이가 이해할 수 있는 수준의 동화라면 아이와 함께해보세요.)

3장

육아를 도와주는 글쓰기

엄마가 글쓰기 연습을 해야 하는 이유

   나는 엄마가 되기 전에 프리랜서 작가로 일했다. 내가 좋아서 선택한 일이었기에 그만큼 일에 대한 만족도가 높았다. 물론 모든 날이 즐겁기만 한 것은 아니었으나, 원고를 쓰고 그것에 대한 결과물과 마주할 때는 무엇과도 바꿀 수 없는 보람과 희열을 느꼈다.

   '엄마'가 된 나는 예전처럼 덜 안정적인 일에 도전하는 것이 왠지 두려워졌다. 평화롭게 잠든 아이의 얼굴을 볼 때면 그런 생각이 더욱 간절하다. 그래서 이만하면 됐지 싶다가도 가끔씩 활활 타오르는 알 수 없는 열망 같은 것, 그런 것이 가끔 마음을 어지럽힌다. 그래서 쓰는 것에 대한 끈을 놓을 수가 없다. 비록 결과에 대한 만족감이 예전만큼 크지 않더라도 남아 있는 모든 날이 기회니까.

누군가 우스갯소리로 말했다. 작가는 취직도 안 되지만 퇴직도 없다고. 그렇게 나는 부족하지만 여전히 '작가'로 살고 있다.

육아와 동시에 시작해야 하는 글쓰기

출산을 앞둔 산모는 초조하고 불안하지만, 엄마가 되고 아이를 키우기 시작하면 막막함이 찾아온다. 그러한 고된 일상 속에서 펜을 잡고 무언가를 쓰는 순간, 차분해지면서 긴장이 완화될 뿐만 아니라 묘한 뿌듯함과 성취감까지 느낄 수 있다. 사실 '쓴다'는 것은 무언가를 기록하고 보여주는 행위보다 스스로가 느끼는 만족감이 훨씬 크다. 글쓰기가 주문을 거는 마법에 함께 빠져보지 않겠는가. 글쓰기는 한번 시작하면 헤어나올 수 없는 매력을 갖고 있고, 열 마디 위로보다 더 큰 마음의 평화를 가져다준다. 그러니 부디 예비 엄마들 또는 이미 육아를 시작했거나 한창 아이와 씨름하고 있을 모든 엄마들에게 일단 무엇이든 써보라고 권하고 싶다.

실제 육아는 내가 경험해보기 전에 글로 배웠던 것들과는 너무나 달랐다. 그래서 나 또한 글을 통해 육아에 도움을 얻는다는 말은 실질적으로 불가능하다고 생각했었다. 그러나 우리의 삶은 사실 계속 무언가를 모방하고, 그것을 통해 새로운 것을 얻으며 진화해나가는 과정의 연속이다. 그러니 이론과 실제가 다르다고 해서 실망하고 돌아설 필요는 없다. 모든 아이가 다르고, 변수는 언제나 존재하기 때문에.

그런 점에서 '글로 배운 육아'는 엄마를 더욱 특별한 존재로 만드는 데 도움을 준다. 당장은 드러나지 않더라도 차곡차곡 쌓인 내공이 반드시 그렇게 만들어줄 것이다. 어차피 하늘 아래 새로운 것은 없고, 결국 대부분은 모방을 통해 육아와 양육을 반복해나가는 것이다. 그렇다면 글로 배우고 글로 가르치면 어떨까? 이것은 어쩌면 별다를 것 없이 특별한 엄마가 될 수 있는 가장 쉬운 방법일지도 모른다. 당연한 결과겠지만, 일상 속에서 늘 책을 가까이하고 글을 쓰는 엄마 밑에서 자란 아이들은 자연스레 그러한 소통 방식에 길들여질 테니 말이다.

엄마가 행복해야 아이도 행복하다

나는 왜 글을 쓰는 걸까? 직업이 작가인 나도 늘 스스로에게 되묻곤 하는 말이다. 핑계는 상황에 따라 달라지기 때문에 정답은 없다. 다만 확실한 것은 그 누구보다 나를 위해서라고 생각한다. 쓰면 쓸수록 그 생각은 더욱 확고해진다.

그렇다면 엄마는 왜 글을 써야 할까? 막연히 아이를 위해서라고 생각은 하지만, 형체가 없고 막막해 마치 숙제 같은 기분이 들 수 있다. 그러므로 글쓰기의 시작은 자신을 위한 것이 먼저다. 자기가 쓰는 글이 오로지 아이 이야기로만 가득한 육아일기라도 그 글은 애초에 자신의 만족감을 위해 쓰는 것이다. 엄마이기 때문에 시작했지만 엄마라는 것을 내려놓을 수 있는 시간. '글쓰기'로 그런 치유의 시간을 얻을 수 있게 되길 진심으로 바란다.

엄마가 행복해야 아이도 행복하다. 세상 모든 이론을 막론하고 내가 직접 몸으로 부딪혀 깨달은 완벽한 진실이다. 레프 톨스토이는 이렇게 말했다.

"해야 할 것을 하라. 모든 것은 타인의 행복을 위해서, 동시에 특히 나의 행복을 위해서다."

⭐ '엄마' 하면 떠오르는 것들을 나열해본 뒤 하나의 문장으로 만들어
보세요. 엄마에 대한 나만의 정의를 내려보세요.

아이를 이해하기 위한 육아도서

"아이가 꼭 있어야 해?"

내가 엄마가 되기 전 누군가 임신과 출산 계획을 물어오면 늘 반문하던 말이었다. 먼저 아이를 낳은 친구들은 제 자식이 얼마나 예쁜가에 대해 늘어놓다가도 꼭 이야기 끝에는 체력적·경제적 부담과 현실적 고충을 털어놓기 일쑤였다. "미리 겁먹을 필요 없어." "결국 닥치면 다 하게 돼 있어."와 같은 조언은 조언이라기보다 차라리 넋두리에 가깝게 들렸다. 그러니 가뜩이나 아이를 꼭 낳아야겠다는 생각이 없었던 나에게 자녀 계획은 점점 더 멀어질 수밖에.

어느덧 결혼 3년 차. 양가 어른들께서는 차마 말씀은 못 하셨지만 혹시 불임은 아닐까 걱정하시는 눈치였고, 우리는 아이 대신 반려견한 마리를 입양하며 의혹을 더 증폭시켰다. 왜 꼭 남들 하는 대로 살아야 할까. 왜 기성세대와 같은 결혼 생활을 강요하는 걸까. 나는 어느 외국 영화에서 본 부부처럼 우리만의 인생을 즐기며 살겠다고, 사춘기 반항아 시절처럼 그렇게 큰소리를 쳤다. 허나 무계획만큼 무서운 계획은 없다고 하지 않던가. 꼭 낳을 생각이 없다는 것은 곧 생기면 낳을 수 있다는 뜻도 되었다. 그렇게 계획인 듯 계획 없이 나도 엄마가 되었다.

초보 엄마를 위한 추천 육아도서

아이가 생겼다고는 하지만 당장 무엇부터 해야 할지 막막했던 초보 엄마는 우선 어디서 들어봤던 것을 실천에 옮겼다. 태교에 좋다는 음악을 듣고, 남들이 하나씩은 다 가지고 있다는 임신·육아 백과사전 같은 책을 끼고 단어마저 생소한 출산과 육아에 대해 글로 공부했다. '국민백과'로 불리는 대중적인 책부터 선배 육아맘들에게 추천받은 육아지침서까지.

물론 막상 실전에 부딪히자 글로 배운 육아 지식이 현실과 달라 당황스러운 적도 많았지만, 돌이켜보면 이때가 본격적으로 육아를 시작하기 전에 전문적인 지식을 습득할 수 있는 마지막 기회이기도 했다. 그래서 엄마라는 타이틀을 얻은 후에 가장 큰 도움을 받았던 책들을 소개하고자 한다. 지극히 주관적인 견해를 바탕으로 실제 육아에 도움이 되었던 도서들을 선정해보았다.

1. 『임신 출산 육아 대백과』(편집부 지음, 삼성출판사, 2019)

일명 '노랑 백과사전'으로 불리며 첫 출산을 앞둔 예비 엄마들에게 꼭 필요한 교과서로 전해지기도 한다. 태아의 성장부터 출산 과정까지 사전처럼 자세하게 나와 있어 분만과 육아에 대한 공부가 가능하다. 특히 아이가 신생아일 때는 가장 원초적인 것으로 건강 상태를 판단할 수밖에 없는데, 나는 아기의 배변과 관련된 첨부 사진과 그에 따른 증상을 소개한 부분에서 큰 도움을 받았다. 대부분의 육아맘들이 소장하고 있으므로 주변 육아맘에게 빌려 보거나 물려받는 것도 좋은 방법인 것 같다.

2. 『똑게육아 올인원』(로리 지음, 예담프렌드, 2017)

수많은 맘카페의 노하우를 집약한 책이라 할 수 있다. 특히 아이가 백일이 되기 전까지 엄마들이 가장 힘들어하는 '수면 교육'에 관한 내용이 잘 정리되어 있어 인기가 많다. 또한 같은 엄마 입장에서 공감되는 내용이 많아 쉽고 가볍게 읽기 좋은 육아책이다. 최근 '똑게육아' 유튜브를 비롯해 팟캐스트, 인터넷 TV 진행까지 한다고 하니 이를 잘 활용하면 저자와 실시간 소통이 가능하다는 장점도 있다. 다만 모든 아이에게 적용되는 내용은 아니므로 어디까지나 참고만 할 것.

3. 『하루 5분 아빠 목소리』(정홍 지음, 예담프렌드, 2014)

사실 태교는 엄마와 아빠가 같이해야 한다. 태중 아이에게는 엄마보다 아빠의 목소리가 더 잘 전달된다는 사실은 익히 알고 있는 이론이다. 하지만 초보 엄마보다 초보 아빠의 태교가 더욱 난감하다. 가벼운 인사말과 사랑이 전해지는 따스한 말 한마디면 충분하지만, 모든 것이 어색하고 어려운 예비 아빠라면 잠들기 전에 자장가처럼 한 챕터씩 읽어줄 수 있는 이 책을 추천한다. 개인적으로 우리가 익숙하게 알고 있는 동화가 아니라서 (아기는 어땠을지 모르겠으나) 지루하지 않고 흥미롭게 들을 수 있었다.

4. 『엄마, 나는 자라고 있어요』(헤티 판 더 레이트 외 지음, 북폴리오, 2019)

실전에서 가장 많이 도움이 되었던 육아지침서다. 이 책의 가장 큰 장점은 도무지 알 수 없는 아이의 행동을 이해할 수 있게 된다는 것이다. 아이가 이유 없이 울고 떼쓰는 '원더윅스(wonder weeks, 아이가 성장하며 칭얼거리는 시기)'를 겪으며 힘들 때마다 꺼내보곤 했던 책이다. 이 시기를 거치는 아이의 입장에서 생각할 수 있고, 아이를 있는 그대로 받아들이며 부모도 성장할 수 있을 거라고 생각한다. 다만 이 책에 나오는 발달 사항 체크리스트에 우리 아이를 대입하다 보면 괜한 스트레스를 받을 수 있으니 주의할 것.

여기까지 내가 육아를 하며 도움을 얻었던 책들을 소개해보았다. 물론 계속해서 더 좋은 육아지침서들이 쏟아져 나오니 '무엇이 최고'라고 단정 지을 수는 없다. 엄마와 아이의 성향에 따라 다르게 받아들일 수 있기 때문이다. 어쨌거나 출산을 준비할 때, 혼돈의 육아를 하다가 길잡이가 필요할 때 미리 준비해둔 책들이 있다면 훨씬 유용하고 도움이 될 것이다.

직접 써보기

⭐ 자녀교육서 혹은 최근에 읽은 도서 중 마음에 드는 구절을 찾아, 나만의 육아 슬로건을 만들어보세요.

예: 꽃으로도 때리지 말라!

가장 확실한 소통 방법은 글쓰기다

손 편지를 써본 적이 언제였을까? 벌써 20여 년 전 일이긴 하지만 학창 시절에는 친구와 편지를 주고받는 것이 꽤 자연스러운 일상이었다. 주로 이메일과 휴대폰 문자메시지로 소통하는 세대이긴 했어도 특별한 날이나 무언가 더 진심을 담아 전달하고 싶을 때는 편지나 쪽지로 마음을 전하곤 했다. 지금은 단어조차 생소한 '펜팔' 친구도 여럿 있었다.

그때는 누구나 편지를 '글을 쓴다'는 거창한 개념보다는 그저 상대와 소통하는 방법 중 하나로 여겼고, 종이와 펜을 들고 끄적이는 일이 어색하지 않았다. 그리고 드라마 〈응답하라〉 시리즈에나 나올 법하지만 그 시절 여학생이라면 저마다 취향에 맞는 다이어리 하나쯤은 가방에 늘 넣고 다녔다. 종이와 연필 한 자루 보기 힘들어진 요즘에는 너무 옛날이야기 같지만 글로써 마음을 전하던 그 시절의 낭만이 가끔은 그립기도 하다.

아이는 엄마가 쓰는 모습을 보고 배운다

육아 도구가 변화함에 따라 육아 방법조차 달라지고 있는 것 같다. 얼마 전 아이에게 처음으로 방문 학습을 시도해보았다. 학습지 자체가 시각적으로 화려하고 입체적으로 만들어진 것은 물론이고, 중간중간 휴대폰으로 QR코드를 인식해 학습과 관련된 동요나 이야기를 들려주는 방식으로 구성되어 있었다. 아이에게 펜이 필요 없는 것은 당연해 보였다. 시대가 달라졌으니 육아나 교육 방법도 그에 맞춰 달라지는 것은 자연스러운 현상이다. 그렇지만 공책에 필기를 하며 학창 시절을 보낸 나로서는 아이를 이렇게 가르쳐도 될까 싶은 의문도 들었다. 모든 육아에 정답은 없으니 어디까지나 엄마와 아이의 성향에 맞게 선택하면 되는 것이겠지.

하지만 모든 시작은 시대와 상황을 불문하고 기본적인 바탕이 있어야 한다고 생각한다. 조금 고지식한 생각일지도 모르겠으나 아이가 미디어를 통해 학습하는 것이 본인에게 더 잘 맞다고 스스로 선택하기 전이라면, 종이와 펜으로 무언가를 긋고 그리고 쓰는 것부터 선행되어야 하지 않을까. 그래서 나는 아이가 어릴 때부터 집에 스케치북과 색연필 등을 구비해두었다. 아이는 처음엔 아무것도 없는 하얀 도화지가 어색한지 무언가를 그리려고 시도조차 하지 않았다. 하지만 옆에서 아이가 좋아하는 것들을 그려주기도 하고, 아직 글자도 모르지만 사물의 이름을 또박또박 적어주기도 했다. 그랬더니 어느 날인지도 모르게 나를 따라 하고 있더라.

돌이켜보면 아이는 엄마가 하는 모든 것을 모방하고 흉내 내며 배운다. 아빠, 조부모, 형제, 자매, 다른 가족들에게도 많이 배우겠지만 엄마만큼 가까운 스승은 없다. 나는 때로 원고 마감 시간에 쫓길 때면 아이를 돌보다가도 노트북을 펼치고 글을 쓰곤 한다. 그래서인지 아이는 컴퓨터 타자기에 유난히 관심을 가졌고 종종 무언가를 두드리는 시늉도 했다. 그래서 되도록 아이와 함께 있는 시간에는 수첩에 펜을 이용해 필요한 내용을 적어두려고 노력해보았다. 그랬더니 이제는 본인도 제 스케치북을 가져와 무언가를 끄적인다. 엄마는 아이의 거울이다.

글쓰기, 가장 확실하고 진정성 있는 소통 방법

아이마다 타고난 재능이 다르니 우리 아이가 반드시 책을 잘 읽고 글을 잘 쓰는 아이가 되었으면 하는 마음은 아니다. 그러나 눈만 돌리면 폭풍처럼 몰아치는 미디어의 홍수 속에서 아이가 스스로 판단하기도 전에 휩쓸려버릴까 걱정이 되는 것도 사실이다. 옛날처럼 공책에 손 편지를 써서 주고받는 세상은 아니더라도 그런 것들이 주는 낭만, 그 속에서만 느낄 수 있는 특별한 감성을 먼저 알게 해주고 싶다. 그리고 그러한 방식으로 아이와 더 진지하고 차분하게 소통할 수 있는 엄마이고 싶다.

엄마인 내가 글을 쓰고 아이와 함께 글을 쓰는 데 거창한 동기나 목적이 있는 것은 아니다. 오랜 시간 가장 확실하고 진정성 있게 소통해온 방법을 택했을 뿐이다. 세상 모든 것이 변해도 자식을 생각하는 부모의 마음은 변하지 않는다. 아이를 위해 먼저 책을 읽고, 아이를 위해 먼저 글을 쓰는 엄마가 되기로 결심했다면 당신도 이미 그 자체만으로도 충분히 훌륭한 엄마이자 스승이다.

직접 써보기

⭐ 우리 아이를 위해 글을 쓰기로 결심한 엄마! 지금의 각오를 한 줄로
남겨보세요.

육아 전쟁에서
살아남는 글쓰기

아이를 낳기 전에는 아이가 잠들었을 때 왜 가장 천사 같다고 말하는지 실감하지 못했다. 그렇다고 아이가 깨어 있는 모든 순간이 밉기야 하겠냐마는, 집안일과 육아를 병행할 수밖에 없는 극한 직업 '엄마'는 하루 중 한순간이라도 오로지 자신만을 위해 보내고 싶을 때가 있다. 현실은 그러한 시간이 주어져도 빨아놓은 아이의 옷을 정리하거나 아이가 일어난 후 먹일 음식을 준비하느라 여유가 없지만. 그래도 간단한 대화조차 불가능한 어린아이를 양육하는 시기에는 커피 한 모금 편히 마실 수 있는 달콤한 휴식이 사무치게 그립다. 그나마 집에서 유일하게 '어른'으로서의 대화가 가능한 남편마저 '여자의 언어'를 이해하지 못하는 바람에 차라리 말을 하지 않는 편이 나왔지 싶은 게 한두 번이 아니다.

　최근 '멍 때리기 대회'라는 독특한 행사가 열린 적이 있다. 그 어떤 것도 하지 않고, 심지어 현대인의 필수품인 휴대폰조차 없이 그저 주어진 시간 동안 가만히 있으면 되는 것이다. 그러나 이처럼 편안한 대회에서 탈락자가 분 단위로 속출했다. 육아맘에게는 하루에도 몇 번씩 상상만 해보는 꿈같은 일이지만 사실 아무것도 하지 않고 멍하니 있기란 또 얼마나 어려운 일인가!

　내가 즐겨 듣는 가요 중 〈드라마를 보면〉이라는 노래의 가사는 이렇게 시작한다. "멍하니 앉아 생각에 잠겨 잘못했던 일 하나둘 떠올라⋯." 가만 생각해보니 반짝이는 아이디어나 자신에 대한 반성처럼 철학적인 사고가 이루어지는 경우는 대부분 멍하니 있던 순간이었다. 어쩌면 엄마는 육아로 지친 심신을 달래고 자신을 위해 즐기는 시간을 원한다기보다, 숨 가쁘게 이어지는 삶의 어느 순간에 스스로를 돌아보는 시간이 필요한 것인지도 모르겠다.

모든 일을 미루고 멍하니 있어보자

　아이가 어린이집에 다니게 된다면 하고 싶은 것들이 무수히 많았다. 건강을 생각해 운동도 하고 싶었고, 자기개발을 위해 이것저것 배워보고 싶기도 했다. 목적지 없이 음악을 들으며 동네 산책도 하고 싶었고, 아기와는 갈 수 없는 맛집 리스트도 한가득이었다.

　고대하던 날은 드디어 찾아왔다. 아이를 보육기관에 맡기고 집에 돌아온 첫날. 그러나 한달음에 집으로 달려온 나는 내가 하고 싶은 일보다 먼저 해야만 하는 일과 마주해야 했다. 아이가 아침을 먹고 어질러놓은 식탁, 여기저기 굴러다니는 육아용품, 오랫동안 케케묵어 있던 먼지마저 내게 쉬는 시간을 허락하지 않았다. 간밤에 설레는 마음으로 다운로드한 영화들은 재생 버튼 한 번 눌러보지 못했고, 동네 산책은커녕 문 앞까지 늘어진 아이의 저지레를 치우기 바빴다. 나만 이런 건가 싶은 속상함에, 같은 시기에 아이를 어린이집에 보낸 엄마에게 메시지를 보내 하소연을 했다. 하지만 그녀 역시 답변조차 할 수 없을 정도로 바쁜 상황이란다. 재택근무 덕에 비교적 융통성 있게 시간을 할애할 수 있는 나도 이렇게 힘에 부치는데 직장까지 다니는 워킹맘은 어떨까 생각하니 한숨부터 나왔다.

　며칠은 어영부영 그렇게 보냈다. 아이를 기관에 맡긴 의미도 무색해지고 있었다. 그래서 생각했다. 모든 것을 미루자! 생각해보니 내가 언제부터 이렇게 부지런했던가. 무언가를 하고 있으면서도 다음 일을 생각할 정도로 벅찬 시간은 누가 만들었을까. 스스로 만든 굴레에서 벗어나 조금 더 많이 내려놓기로 결심한 것은 바로 그 즈음인 것 같다.

　미루자. 미루고 멍하니 기다려보자. 멍하니 있는다고 해서 아무것도 하지 않은 것은 아니다. 이것은 내가 만든 핑계일지도 모르겠지만 사실이 그렇다. 생각이라는 것은 본인이 하겠다거나 하지 않겠다고 조절할 수 있는 게 아니라 마구잡이로 떠오르는 것이다. 그래서 가만히 있으면 생각이 절로 떠다닌다. 마치 공기 중의 먼지처럼 떠다니는 그것들 중에는 때로 눈부시게 아름다운 것도 존재한다. 그것이 바로 사고가 빛을 발하는 순간이고 그러한 시간들이 나를 엄마로 다시 살아가게 하는 원동력이 되더라.

어떤 핑계여도 좋다. 엄마의 힐링 타임은 아이를 위해서라도 반드시 필요하다.

사소한 일상이 때로는 훌륭한 글의 소재로

문제는 그다음부터다. 그저 떠오르는 생각에 나를 맡기고 멍하니 부유하는 시간을 즐기기만 하다 보면 왠지 모를 허무함과 후회가 밀려올 것이다. 가뜩이나 심신이 지친 엄마들이기에 이 멍한 시간에 지나치게 빠져버리면 가벼운 우울증이라도 앓기 십상이다. 그러니 우리가 누릴 수 있는 작은 사치를 좀 더 의미 있게 만들어보자. 지금 두서없이 떠오르는 생각과 고민은 곧 최고의 글쓰기 재료가 될 수 있다. 예를 들어 어떤 날은 아이의 배변 훈련에 대해서만 종일 생각할 수도 있다. 흔히 말해 먹고 싸는 일이 의미가 될 수 있을까? 그렇게 묻는다면 나는 다시 되묻고 싶다. 사람이 살아가는 데 그보다 중요한 일이 있겠느냐고. 혹 누군가 쓸데없는 상념이라고 비판한들 어떠하랴. 생각에 생각을 보태어 끝까지 생각하자. 그렇게 더욱 나태해지자.

한번은 아이가 생선 요리를 좋아해 고등어를 사다놓고는 잠시 쉬었다 할 요량으로 고등어가 담긴 팩을 멍하니 보고 있던 날이 있었다. '국내산'이라고 쓰여 있는 스티커를 보고 있자니 문득 한 가지 의문이 생겼다. 나라 간 영해(한 나라의 주권이 미치는 해양 지역)를 임의로 정해놓았다 해도 바닷속 세상에서 국경이 과연 무슨 의미가 있을까. 팩 안에 담긴 고등어는 어쩌면 다른 나라의 바다를 실컷 유영하다가 최후에 우리나라 바다에서 잡힌 것은 아닐까? 그렇다면 이 고등어에 국내산이라는 표현은 맞는 것일까?

정말 할 일 없는 사람의 잡념으로 보일 수도 있겠다. 그러나 나는 이것을 소재로 학부생 시절에 소설을 쓴 적도 있다. 북에서 온 꽃게의 시점에서 쓴 「난데손님」이라는 제목의 소설이었는데, 꽃게에 새터민의 입장을 대변해 분단의 갈등을 우리 세대의 시각으로 써본 내용이었다.

아직도 일상의 잡다한 생각들이 그저 그런 상념으로 느껴지는가? 혹 그렇다면 어딘가 그럴싸한 소재 찾기에만 열을 올리고 있는 것은 아닐까. 아이를 돌보기도 벅찬데 쉬는 시간까지 고통받지 말자. 우리가 휴식을 취하며 생각을 하고 그 생각을 글로 남기는 목적은 어디까지나 마음의 여유를 찾고 치유의 시간을 갖기 위해서다. 물론 해산물이 분단이라는 주제로 발전하기까지 아주 오랜 시간 생각이 꼬리에 꼬리를 물어 그런 결과를 만들어냈지만, 중요한 것은 사고의 과정이다! 우리는 이미 모든 순간을 통해 글을 쓰기 위한 충분한 바탕을 만들어가고 있는 것이다. 요즘 자신의 일상이 온통 아이, 기저귀, 분유 말고는 없어서 멋진 생각이 나지 않는다고 자책할 필요가 없다는 뜻이기도 하다. 어느 마트에나 볼 수 있는 기저기와 분유라도 세상 누구보다 소중한 우리 아이가 쓰고 먹는다는 특별함이 있지 않은가.

모두가 평범해 보이는 일상이지만 어느 누구에게도 평범한 삶은 없다. 일상에서 발견할 수 있는 특별한 무언가는 어쩌면 자기 눈에만 보이는 작은 것일 수도 있다. 그렇기에 더 독특하고 기발해질 수 있는 것이다. 그러나 그런 소재들이 단지 '멍 때리기' 혹은 수다로 끝난다면 눈부신 생각과 언어는 공중으로 흩어져 그대로 사라지고 말 것이다. 반대로 그 모든 것을 글로 옮기면 자신의 소중한 역사가 된다. 그것이 남과 다른 자신만의 자산이며, 어쩌면 앞으로 훨씬 더 대단한 결과물로 이어질지도 모른다.

계획적이었든 아니었든 아이는 세상에 태어났고 우리는 엄마가 되었다. 그리고 아이를 낳은 그 순간부터 감히 예상해보건대 평생을 거쳐 치러야 할 전쟁은 이미 시작되었다. 그러니 '인내'로 무장한 지적 재산을 단단한 무기로 준비해두는 것은 어떨까. 형체 없이 떠다니는 생각, 말도 안 되는 상상과 이야기에 글자를 입혀 견고한 '나의 글'을 만들자. 총칼 없는 육아 전쟁에서 우아하게 승리할 수 있도록.

직접 써보기

⭐ 지금 머릿속에 가장 먼저 떠오르는 생각을 글로 적어보세요. 먼저
단어로 나열해보는 것도 좋습니다.

예: 고등어, 기저귀, 연필

★ 옆에서 떠오른 생각과 나열한 단어를 활용해 3문장 이상의 글로 만들어보세요.

#전업맘 #워킹맘
#슈퍼맘 #프로맘

엄마는 아이에게 늘 미안하다?!

다소 보수적인 우리 사회에서도 워킹맘이 더욱 늘어나고 있는 추세다. (외국에서는 이미 오래전부터 '전업주부'라는 말이 생소하게 느껴질 정도로 여자와 남자가 똑같이 경제활동과 사회활동을 이어나가고 있다). 이러한 현상은 아이 아빠 혼자 외벌이로 아이를 키우고 생활하기에 녹록지 않다는 경제적인 문제도 있지만, 엄마들이 아이를 돌보는 전업주부로 살며 집 안에만 있기에는 너무 아까운 기술과 능력을 갖추고 있다는 사회적 변화가 더 크게 작용한다. 만약 한국 엄마들이 다른 나라 엄마들과 다른 점이 있다면 그것은 아마도 '선택'의 문제일 것이다.

외국 엄마들은 자신의 사회적 위치와 육아를 별개로 생각하며 육아와 사회생활을 함께 해나가는 것을 별로 고민하지 않는다. 물론 사회적인 제도나 육아 복지 등 우리나라가 다른 나라에서 배워야 할 부분이 한참 많은 것은 사실이다. 그래서 어쩌면 다른 나라와 우리나라의 육아 현실을 무턱대고 비교할 수 없는 부분도 있겠지만, 여기서 이야기하고 싶은 것은 한국 엄마들의 '의식'에 관한 문제다.

한 조사에 따르면 우리나라 엄마들이 자식에게 가장 많이 느끼는 감정은 '미안함'이라고 한다. 늘 옆에서 돌봐주지 못한 미안함 말이다. 그 미안함 때문에 하고 싶었던 일도, 때로는 사회적인 성공까지 과감히 포기한다고. 유달리 가족 간의 유대관계가 끈끈하고 모성애가 강한 우리 사회의 슬픈 이면이 아닐 수 없다.

육아만 해도 힘든데 워킹맘은 얼마나 더 큰 노력이 필요할까. 해보지 않은 사람은 상상할 수조차 없이 바쁘고 정신없을 것이다. 워킹맘은 제한된 시간 안에 주부가 해야 할 모든 일을 마치고 일터로 나가야 한다. 또 엄마에게 매달리고 떨어지지 않으려는 아이와 매일 고통스럽게 씨름해야 한다. 마침내 돌아서서 출근을 하고 잠시 일에 집중하며 개인의 성취감과 삶의 보람을 느낄지도 모른다. 그러나 가슴 한 구석에는 늘 아이에 대한 미안함, 왠지 부모로서 책임을 다하지 못한 것 같은 죄책감을 가지고 살아간다. 하지만 그 미안함과 죄책감이라는 것은 사실 꽤 상대적이다. 어쩌면 그 감정은 워킹맘이 아닌 엄마들과 비교해 느끼는 상대적 불안함 혹은 미안함이 아닐까?

그럼 반대로 전업주부를 선택해 육아를 하고 있는 일명 '전업맘'들은 어떨까. 물론 살림과 육아가 적성에 맞아 그 속에서 나름대로 자신을 가꾸고 즐기며 사는 주부들도 많다. 하지만 엄마도 처음부터 엄마가 아니었다. 꿈이 있었고, 해오던 일이 있었고, 하고 싶은 일도 있었다. 그런 생각을 할 때면 문득 자신만 사회에 뒤처져 살고 있는 건 아닌지 한숨이 나오기도 할 것이다.

나도 예전에는 (생면부지의 남일지라도) 나와 비슷한 또래의 아이를 키우는 육아맘을 보면 왠지 모르게 정이 가고 그들의 일상에 공감이 가곤 했다. 그런데 요즘은 SNS나 방송으로 일도 육아도 척척 해내는 소위 '슈퍼맘'을 자주 접하다 보니 왠지 모르게 다른 세계의 이야기처럼 이질적으로 느껴졌다. 일도 하며 육아도 살림도 완벽하리만큼 척척 해내고 있는 그녀들. 물론 그 이면에는 남보다 배로 수고하고 고생하는 노력이 있겠으나, 내 눈에는 그저 나와 달리 화려하고 멋진 엄마로만 보일 뿐이다. 그래서 엄마는 또 미안하다. 아이에게 멋진 엄마가 되어주지 못한 것 같아서.

결국 워킹맘이든 전업맘이든 모든 엄마는 아이에게 같은 마음일 수밖에 없다. 그러니 이제부터라도 아이에게 미안해하지 말자. 자기가 선택한 삶에 자신을 가지고 있는 그대로 받아들일 수 있어야 한다. 우리는 슈퍼맘, 프로맘이 되고 싶은 전업맘, 워킹맘이지 신이 아니지 않은가.

특히 SNS의 발달로 화려한 이면만 부각된, 누군가 마케팅을 위해 만들어냈을지도 모르는 '슈퍼맘' '프로맘' 같은 단어들에 현혹되지 말자. 엄마는 그저 다 같은 엄마다. 어찌 보면 워킹맘이나 전업맘 같은 단어들도 전업주부인 엄마와 일하는 엄마 사이의 선을 긋는 것 같아 부자연스럽다. 우리는 그저 현재 주어진 위치에서 아이에게 최선을 다하고 있는 최고의 '엄마'일 뿐이다.

품위있는 엄마, 엄마의 품격

'비현실적으로 프로다운 엄마들과 달리 나는 태생도, 생김새도, 환경도 다르다. 그녀들은 그저 주부들의 워너비일 뿐이다.' 이렇게 체념하고 돌아선다면 우리는 어제와 다른 내일을 만날 수 없다. 겉보기에 화려한 모습만 좇을 필요도, 남과 같아지려 노력할 필요도 없지만 좀 더 멋진 '나'를 위해 노력할 이유는 충분하다. 다만 그 노력의 기준이 어떤 직업을 가지고 있는가, 사회적 위치는 어떠한가에 한정 짓지 말자는 것이다. 그저 지금보다 좀 더 가치 있고 멋진 미래를 설계할 수 있고, 자존심보다 자존감이 강한 엄마가 되는 것은 어떨까?

최근 〈품위 있는 그녀〉〈황후의 품격〉 등 주부 시청자를 대상으로 한 드라마 타이틀에는 유독 품위, 품격이라는 단어가 자주 등장한다. 엄마들이 공통으로 원하는 삶에 아마도 이러한 분위기가 포함되어 있기 때문은 아닐까 생각한다. 품위 있는 엄마, 그리고 엄마로서의 품격! 그것을 만들어내고 유지하기 위한 근간에는 늘 자신에 대한 자신감과 믿음이 뒷받침되어야 한다. 그래서 미안한 마음은 넣어두고 더 당당해지라는 것이다. 그러한 마음이 곧 자신을 소중히 여기는 자존감과 연결될 수 있다. 그러니 잊지 말자. 아이에게 가장 프로인 사람은 세상 누구도 아닌 엄마, 즉 '나'라는 사실을 말이다.

지금도 많은 여성이 롤모델로 삼고 있는 미국의 방송인 오프라 윈프리는 이렇게 말했다.

"난 미래가 어떻게 전개될지 모른다. 하지만 누가 그 미래를 결정할지는 안다."

직접 써보기

★ 자신의 비전(vision)에 대해 적어보세요. 구체적으로 건강, 취미, 사회활동, 경제활동으로 나누어 기술하면 더 수월합니다.

4장

'나'를 위한 글쓰기

무언가를
쓰기 전에

    아이를 키우는 부모에게 가장 큰 숙제 중 하나는 우리 아이의 남다른 재능을 발견하는 일일 것이다. 그렇기 때문에 많은 부모들이 아이가 어릴 때부터 다양한 경험을 할 수 있는 환경을 제공해주고자 노력하는 것은 아닐까.

    우리 부모님도 마찬가지였다. 당신들에게 마냥 소중한 아이였던 시절, 나의 특별한 소질을 찾아내고 그것을 키워주기 위해 여러 가지 방법으로 애쓰셨었다. 떠올려보면 내가 무언가를 잘한다고 느꼈거나 잘한다는 칭찬을 받았던 최초의 기억은 그림 그리기, 점토 놀이 같은 미술 활동을 했을 때였다. 그래서였는지 초등학교 입학과 동시에 엄마는 나를 미술 학원에 보내기도 했고, 몇 번은 관련 대회에 나가 상을 받아오기도 했다.

　내 자식에게는 고슴도치일 수밖에 없는 엄마들은, 아이의 빛나는 재능이 자기 눈에만 보이는 것은 아닌가 염려하기도 한다. 그래서 수상과 같이 외부에서 인정받는 계기라도 생기면 탁월했던 본인의 안목을 칭찬하며 안도의 한숨을 내쉰다. 나도 그렇게 단지 수상을 계기로 적성은 미술인 것으로 굳어지고 있었다.

감정이 글로 변하던 순간

　초등학교 4학년 때였을까. 10살에서 11살이 된다는 것은 나에게 큰 변화였다. 지금 생각해보면 아마 사춘기가 빨리 왔던 것은 아닐까 싶은데, 어쨌든 이전과 모든 것이 달라지는 시기였다. 이유 없는 고집들이 늘어갔고 부모님과 선생님은 물론 친구들과의 소통에서도 어려움을 겪었다. 때로는 세상에 나 혼자만 있는 것 같았고 사사건건 '왜'라는 비판적인 질문이 머리에서 떠나지 않았다. 그때부터 주변 사람들은 나에게 "너는 좀 특이한 것 같아."라는 말을 하곤 했다. 나는 그 말에 부응이라도 하듯 미지의 행성에서 온 전혀 다른 존재처럼 섞이지 못하고 헤맬 때가 많았다. 이 모든 혼란이 11살의 시기였다는 것이 기막힐 노릇이지만 때때로 아이의 세계는 어른보다 복잡하고 심오하다고 믿는다.

아무튼 늘 잘해왔고, 또 좋아한다고 믿었던 그림 그리기는 그 시기에 더 이상 나의 마음을 달래주지 못했다. 그림에 점점 흥미를 잃어갔고 더욱 의기소침해졌으며 그럴수록 스케치북과 멀어졌다. 하지만 우리를 만든 창조자는 여러 의미에서 참 공평하다. 잃는 것이 있으면 반드시 얻는 것도 있었던 것이다. 크레파스와 붓 대신 연필을 잡았던 나는 답답하기만 했던 그 시절 내 감정을 글로 써 내려가기 시작했다. 그림과 달리 글에 대해서는 누구도 즉각적인 피드백을 주지 않았다는 점도 참 마음에 들었다.

사고의 전환은 '특이함'을 '특별함'으로 만든다

'특이함'을 '특별함'으로 바꾸기 위해서는 모두가 공감할 수 있는 설득력이 필요했다. 설득력은 부모가 무한한 애정과 신뢰를 바탕으로 아이의 창의성과 연관되는 모든 활동을 응원할 때 생겨난다. 특히 나의 엉뚱함을 일찌감치 눈여겨본 엄마는 이전과 다른 방식으로 책 읽기를 권하곤 했다. 즉 이전에는 책의 내용을 활자 그대로 받아들이는 데 초점을 맞췄다면, 이제는 읽었던 책을 다시 천천히 정독하면서 내 생각을 계속 이어나가는 방식이었다. '나라면 어떻게 했을까?' '결말은 왜 이렇게 되었을까?'와 같은 것이다. 그리고 이 작은 변화는 나의 인생을 결정지을 만큼 큰 전환점이 되었다.

그해 가을, 학교에서 때가 되면 으레 열리는 독후감 대회가 있었고 나는 고전 『흥부와 놀부』의 독후감을 제출했다. "『흥부와 놀부』라니! 너는 그 책을 이제야 읽었단 말이야?" 어깨너머로 내 원고를 슬쩍 훑어본 짝꿍이 그렇게 말했다. 그 말에 순간 내가 정말 이상한 글을 쓴 건 아닐까 싶어 마지막까지 망설였다. 그러나 내 손을 떠나고 있는 원고지의 무게가 깃털 같아서 그렇게 홀가분한 마음일 수 없었다. 무언가를 공들여 쓰는 동안 그것은 온전히 나의 것이지만, 언젠가 어떤 이유로든 글을 내려놓거나 떠나보내야 할 때는 이상하게도 미련이나 집착보다는 더할 나위 없는 가벼움과 희열을 느꼈던 것이다. 그것 또한 글이 가진 매력에 눈을 뜨게 된 계기는 아닐는지.

그렇게 나에게서 날아간 『흥부와 놀부』는 누군가의 주관적인 평이겠지만 극찬을 받았고, 그것을 계기로 각종 백일장에 참여하게 되었다. 열정이 있으니 흥미를 느끼는 것은 당연했고 노력을 거듭하다 보니 주위에서도 인정을 받게 되었다. 그렇게 어른이 된 나는 지금까지 글을 쓰고 있다.

시작은 아주 작은 사고의 전환이었다. 흥부는 왜 매번 부자인 놀부 형에게 가서 구걸을 할까? 흥부는 단지 착하게 살았다는 이유만으로 가난을 면치 못했던 걸까? 그렇다면 욕심으로 부당한 이득을 취해야만 부자가 될 수 있는 것인가? 만약 흥부가 형에게 구걸하러 가는 대신 좀 더 부지런히 일했다면, 또는 생계를 위해 다른 노력을 해봤다면 어떻게 달라졌을까? 그렇게 엉뚱한 질문들은 결국 개성 있는 글쓰기의 시발점이 되었다.

아무말대잔치

　창작의 시작은 역발상에서부터 나온다고 누군가 말했다. 지금 내 머릿속을 어지럽히고 있는 단어와 문장이 얼토당토않은 이야기라고 생각하는가? 혹은 너무 뻔하고 부정적인 질문이라고 느껴지는가?

　결론부터 말하자면 정답은 없다. 누군가의 생각에 수학처럼 정확한 답을 내려줄 수 있는 이는 아무도 없다. 나의 생각, 나의 이야기, 나의 글을 평가할 수 있는 사람은 세상 어디에도 없을 것이다. 물론 각자의 의견이나 느낌이 저마다 다를 수는 있다. 그러나 내 마음과 머리에서 만들어진 이야기는 오롯이 자기 것이다. 그것을 어떤 방식으로든 문자로 옮기면 글이 된다. 아무렇지 않게 흥얼거린 노래 가사가 때론 누군가가 평생을 바쳐 만든 시이기도 하니까. 그렇게 이야기는 글이 된다.

　개인적으로 최근 마음에 들었던 신조어 중 하나가 '아무말대잔치' 다. 아무럼 어떤가. 어떤 아무 말은 누군가에게 의미 있는 말일 수 있다. 자신의 아무 말이 의미가 될 때까지 마음 가는 대로 끄적여보자. 그것이 모든 글쓰기의 시작이다. 그리고 이미 시작했다면 무엇을 상상하든 상상 그 이상의 힘을 얻게 될 것이다.

직접 써보기

⭐ 지금 막 떠오르는 생각, 말 등 어떤 것이라도 좋으니 한 줄의 문장으로 옮겨보세요.

★ 일주일 동안 매일 한 문장씩 떠오르는 것을 기록해보세요.

월

화

수

목

금

토

일

★ 매주 반복해서 습작해보고 몇 주 혹은 몇 달 후에 다시 읽어보세요.
글의 소재가 될 만한 빛나는 문장을 찾게 되길 바랍니다.

간단한 메모부터
바로 시작하기

육아는 예측이 불가능한 일들의 연속이라서, 바로 다음에 해야 할 일들을 되뇌고 있다가도 금방 잊어버리기 일쑤다. 꼭 해야 할 집안일은 산더미처럼 쌓여 있고 내일로 미룰 수도 없는데, 먼저 닥친 일부터 처리하고 나면 '내가 뭘 하려고 했지?'라는 질문이 늘 머릿속에 떠다닌다. 아이를 낳고 나면 건망증이 심해진다는데 정말로 그런 것 같다. 실제로 엄마의 뇌 구조는 온통 아이에게 집중되기 때문에 그 이외의 것들은 자주 놓치게 된다는 사실이 과학적으로도 입증되었다고 한다.

나는 평소에도 아침에 일어나면 가장 먼저 오늘 해야 할 일을 메모지에 적어 잘 보이는 곳에 붙여두곤 하는 습관이 있다. 특히 아이를 낳고 나서는 메모에 대한 강박증이 더욱 심해져 해야 할 일을 미리 적어두지 않으면 불안할 정도였다. 요즘은 메모 애플리케이션뿐 아니라 육아 관련 애플리케이션도 무수히 많아서 각자 필요한 애플리케이션을 다운로드해 사용하는 이들도 많다. 하지만 그것은 누군가가 미리 짜놓은 틀에 맞춰 기계적으로 입력하는 일의 반복일 뿐, 스스로 틀을 만들어 온전히 자기 손으로 쓴 메모만 못하다는 것이 개인적인 생각이다.

메모에도 기술이 있다

『메모의 기술』(사카토 겐지 지음, 해바라기, 2005)이라는 책에 따르면 리스트를 작성해 일단 적는 것만으로도 마음이 차분해지는 효과가 있다고 한다. 생각을 글로 옮기는 단순화 과정을 통해 스트레스의 원인을 객관적으로 볼 수 있기 때문에 스트레스 해소 방법을 찾기도 쉬워진다는 것이다. 사람마다 개인차는 있지만, 우리가 손으로 하는 많은 일들은 뇌와 연결되어 있어 무언가를 쓰는 것만으로도 자극을 줄 수 있다. 그래서 걷고 말하기 이전의 어린아이들도 두뇌 발달을 위해, 손을 이용한 대근육과 소근육 놀이가 중요하다. 메모하는 습관도 마찬가지다. 쓰는 것만으로도 뇌를 활성화시켜 좀 더 체계적으로 기억을 유지하는 데 도움을 줄 수 있다.

나는 우선 메모를 할 때, 해야 할 일을 두서없이 마구잡이로 적어 두었다가 다시 옮겨 적으며 우선순위와 시간에 따라 재배치한다. 그럼 내 하루의 일과로 예를 들어보겠다.

첫 번째 메모

빨래하기(셔츠, 수건), 아이 이유식 재료 다지기, 택배 물품 2개 확인, 에어컨 필터 청소, 아이 예방접종(병원 예약), 관리비 납부, 장보기, 문화센터 수강신청

두 번째 메모

오전   1. 냉장고 재료 확인 후 장보기 목록 작성

2. 예방접종 병원 예약(9시 이후)

3. 장보기, 이유식 재료 다지기

4. 빨래(셔츠 먼저)

오후   1. 관리비 납부, 문화센터 수강신청, 택배 물품 확인(아이 낮잠 시간 혹은 그 이후)

2. 소아과 방문

3. 에어컨 필터 청소

4. 셔츠 빨래 건조 후 수건 빨래(저녁 식사 이후)

집안일과 육아에도 요령이 필요하다. 아이 돌보랴 살림하랴 우왕좌왕하며 잘 떠오르지도 않는 다른 부분들까지 신경 쓰다 보면, 몸

이 바쁜 것은 기본이고 '도대체 내 시간은 언제 가질 수 있지?'라는 스트레스에 마음의 여유까지 사라지게 된다.

그러나 메모를 이렇게 '투 두 리스트(To Do List)' 형태로 정리해 두면 알아보기 쉬운 데다, 놓치는 것 없이 해야 할 일을 처리할 수 있다. 덤으로 사이사이 혼자만의 시간이 생기는 여유도 누릴 수 있다. 먼저 꼭 해야 하는 일이 있다는 것은 나중으로 미뤄도 될 만한 일이 있다는 뜻도 되기 때문이다. 나는 가끔 메모를 통해 '지능적 게으름'을 피우기도 한다.

또 하나! 메모에 관한 팁을 주자면 기록해둔 리스트에 적힌 일을 처리해나갈 때마다 메모 내용을 하나씩 지우는 것이다. 이렇게 하면 누구 하나 알아주는 이 없어 서러웠던 주부의 일상에서도 묘한 보람과 뿌듯함, 무언가 해냈다는 성취감까지 얻을 수 있다. 이로써 메모 하나만으로도 육아로 지친 심신에 쉬는 시간뿐만 아니라 마음의 안정까지 제공할 수 있다. 메모하기! 당장 시작하지 않을 이유가 있을까?

메모가 일으키는 작은 기적

메모는 필요한 일들을 단순히 기록하는 데 그치지 않는다. 순간순간 떠오른 아이디어, 좋은 글귀, 오늘 하루 꼭 남기고 싶었던 이야기

등은 이후 한 편의 멋진 글을 완성하는 최고의 재료가 된다. 일상적인 메모와 다른, 자신만의 감성 메모장을 만들어보면 좋겠다. 그도 아니라면 포스트잇을 여러 개 붙여놓고 하나에는 오직 본인만을 위한 기록을 해보자. 이것을 앞에서와 다른 세 번째 메모라고 가정한다면 대략 이런 내용을 기록하게 될 것이다.

세 번째 메모(감성 메모 혹은 나를 위한 메모)

1. 격언, 명언, 와닿은 글귀 등

"자녀 교육의 핵심은 지식을 넓히는 게 아니라 자존감을 높이는 데 있다."

-레프 톨스토이

2. 아이에 관한 기록

15:30 나와 눈을 마주치더니 태어나 처음으로 소리 내어 웃음

3. 나를 위한 일과

지금 나에게 가장 필요한 것은 운동! 체력 보강이 시급 → 집에서 할 수 있는 운동 애플리케이션 다운로드하기, 10분 이상 운동하기

대부분의 카피라이터, 작가 들은 메모의 중요성을 알고 수시로 메모하는 습관을 가지고 있다. 언제 어디서 떠오른 메모가 작품이 될지 모르기 때문이다. 우리의 메모도 얼마든지 멋진 글로 이어질 수 있다.

육아는 매일 같은 일상의 반복인 것 같고, 엄마의 메모들은 다 비슷한 내용이다 싶을 수도 있다. 그러나 과연 모든 엄마의 메모가 똑같을까? 또한 이러한 기록이 일주일, 한 달 이상 모였다고 가정해보자. 아마 그 자체만으로도 훌륭한 육아일기 한 권쯤은 만들 수 있을 것이다.

TV 육아 프로그램에 나오는 화려하고 멋진 엄마들과 자신의 현실을 비교하며 자꾸 초라해지는가? 그들이 하면 육아인데 내가 하면 노동 같아 보이는 웃지 못할 인생 2막이 '엄마'의 삶이기도 하다. 분명 아이를 재우다 잠이 들었는데 아이가 깨는 소리에 눈을 떠보니 다시 아침이다. 그렇다고 그다음 일은 또 어제처럼 어떻게든 되겠지 하며 의미 없는 하루를 시작하겠는가? 같은 일상도 한번 더 뇌의 사고를 거쳐 손으로 정리하다 보면 매일이 새로워진다.

그러니 지금부터라도 간단한 메모를 시작해보자. 오늘 투자한 1분의 메모 습관은 훗날 눈덩이처럼 불어난 추억과 창의력의 산물로 보답받게 될 테니!

직접 써보기

⭐ 오늘 해야 할 일을 순서에 관계없이 모조리 나열해보세요.

⭐ 앞의 메모를 우선순위와 시간에 따라 구체화해 재배치해보세요. 메모의 내용을 실행했다면 하나씩 지워보세요.

순위/시간	오전	오후
1		
2		
3		

★ 옆의 메모에 덧붙여, 혹은 메모와 별개로 나만을 위해 남기고 싶은 오늘의 기록 한 줄을 메모해보세요(감성 메모).

말이 글로 변하는
놀라운 마법

"공기 반, 소리 반"

"공기 반, 소리 반." 한때 이슈가 되었던 TV 오디션 프로그램에서 가수 겸 프로듀서 박진영 심사위원이 강조했던 말로 유명하다. 친구들 사이에서 농담처럼 사용했던 유행어였지만 사실 그가 말하고자 했던 의미가 매우 쉽고 명쾌하게 전달된 표현이기도 하다. 그가 쓰는 "공기 반, 소리 반"이라는 표현에는 가수가 노래를 할 때 진심을 전달하려면 상대에게 말하듯이 발성해야 한다는 뜻이 담겨 있다.

음악에 문외한인 나는 그 심오한 의미가 무엇인지 정확히는 모르겠으나 노래를 말하듯이 전달해야 진심이 느껴진다는 표현에는 깊이 공감한다. 가끔 기교가 화려하지 않은데도 왠지 모르게 가슴을 울리는 노래가 있지 않은가. 그런 음악을 가만히 듣다 보면 가창력과 별개로 때론 가사가, 때론 정감 가는 목소리가 와닿을 때가 있으니까. 특히 자기 이야기처럼 느껴질 때 더욱 그러하다. 말은 아니지만 '말하듯이'의 중요성. 이것은 노래뿐만 아니라 글쓰기에도 적용된다.

'말'은 최고의 글쓰기 재료

사람은 맨 처음 언어를 배울 때 누군가 이야기하는 것을 듣고 그다음에 말을 한다. 이후 학습을 통해 읽고 쓸 수 있게 된다. 그러니까 우리는 누구나 쓰는 것보다 듣고 말하는 것을 먼저 익혔다. 따라서 어떤 이야기를 쓰기 위해서는 먼저 듣고 말할 수 있어야 한다. 물론 우리는 이미 읽고 쓸 수 있는 사람들이기 때문에 굳이 이 모든 과정을 거친 다음 쓰기에 이를 필요는 없다. 보고 들은 것을 바로 글로 옮길 수도 있고, 글을 읽고 느낀 점을 다시 글로 옮길 수도 있다는 뜻이다.

다만 여기서 말하고자 하는 바는 '말'이 글을 쓰는 데 최고의 재료가 된다는 것! 막상 글을 쓰고 싶은데 무엇을 써야 할지, 어디서부터 시작해야 할지 막막하다는 이야기를 자주 듣는다. 그럴 때는 최근에 들었던 사소한 말이라도 떠올려보는 것은 어떨까? 예를 들어 지금 이 챕터의 글이 어떤 말로 시작되었는지 다시 한번 살펴보는 것이다. 글은 서두에서 "공기 반, 소리 반"이라는 누군가의 말을 인용한 것으로 출발했다. 어쩌면 이 문장은 누군가 했던 말을 그대로 옮겨 적은 것에 불과하다. 그러나 그 말에 누군가의 철학, 스스로 부여했던 의미가 담겨 있다면 이것은 단순한 '말'이 아니다.

일상의 모든 대화는 글이 될 수 있다

혹시 오늘 하루 종일 육아만 하느라 누군가와 대화할 시간이 없었다고 생각하는가? 의미 있는 이야기는 하나도 없었으며 늘 하는 말뿐이었다고 생각한다면 이런 방법은 어떨까. 다음은 어쩌면 우리가 가족보다 자주 만날지도 모르는 택배 기사와의 통화 내용이다.

예시 1

"○○동 ○○호 맞나요?"

"네."

"오전 배송이 좀 늦어져서요. 오후 3시쯤 물건이 배송될 예정인데 댁에 계신가요?"

"아니요. 그때는 집에 없을 것 같은데요. 잠깐 외출했다 돌아올 것 같으니 현관 앞에 놔주시겠어요?"

"네, 그럼 집 앞에 두고 갈 테니 꼭 찾아가세요."

"네, 부탁드릴게요. 고맙습니다."

이런 단순한 대화도 글이 될 수 있을지 묻는다면, 물론 그렇다. 글쓰기를 어렵게 느끼는 사람들은 대부분 글에 화려한 미사여구나 수식어가 가득 붙어 있어 왠지 어렵게 느껴져야 멋지다고 여기는 경향이 있다. 그러나 글쓴이조차 의미가 모호한 문장은 껍데기일 뿐이다. 글을 더 세련되게 만들고 싶다면 오히려 쓸데없는 수식어를 지우고 '말하듯이' 자연스러운 일상어로 바꾸는 편히 훨씬 낫다. 그렇다고 예시 1처럼 택배 기사와의 통화 내용을 있는 그대로 기록한다면? 알아보기 쉽고 물 흐르듯 읽히긴 하지만, 아무 의미도 없고 재미도 없다. 이럴 때 가장 좋은 방법은 배치를 다르게 하는 것이다. 그리고 꼭 필요한 말만 인용해 나머지는 자기 글처럼 써 내려가는 것이다. 다시 택배 기사와의 통화를 시작으로 고된 육아맘의 하루를 쓴다고 가정해보자.

예시 2

"네, 그럼 거기다 놔주세요. 고맙습니다."

오전에 다녀간다던 택배 기사가 하필 내가 외출했을 때 방문한다고 한다. 어쩔 수 없지. 어쩐지 오늘도 무엇 하나 순조로운 것 없이 시작되는 하루다.

이제 뒤에 이어질 육아맘의 험난한 하루가 예상되는가? 이렇게 예시 1처럼 택배 기사와의 모든 대화 내용을 옮기지 않아도 우리는 글쓴이의 통화 내용을 짐작할 수 있다. 또한 택배 기사가 전화를 걸어 주소를 확인하며 시작되는 일의 순서를 배제하고, 가장 마지막에 있는 인사말 혹은 이야기에서 주가 되는 내용 하나만 선택했다. 그렇게만 해도 처음보다 훨씬 좋은 문장을 만들 수 있다. 그리고 이어지는 문장에서 나머지 이야기를 압축해 풀어가거나 이제부터 궁극적으로 하고자 하는 이야기와 연결할 수 있어야 한다. 그러려면 말을 글로 옮기기 전에 그 수많은 말 중에서 자신이 선택한 말이 본인에게 어떤 의미가 있었는지, 어떤 사건에 불을 지피는 시발점이었는지를 명확히 정해야 한다.

자신에게 의미 있었던 문장을 찾자

가령 예시 2는 고된 육아가 다람쥐 쳇바퀴처럼 반복되는 힘든 하루를 더 극적으로 느껴지게 하기 위해 우리가 언제나 마주할 수 있는 일상으로 글을 시작했다. 만약 '힘들다.' '울고 싶다.' '어제와 똑같은 하루라니!'라는 비명과 단순한 감정으로 꽉 찬 문장을 사용했다면 어떨까. 내가 만약 독자라면 그 글을 읽고 공감했을까? 그나마도 자신의 감정을 솔직하게 써 내려간 편이라면 괜찮다.

아기의 눈은 밤하늘 별빛처럼 반짝이는데 가뜩이나 힘든 내 마음을 더 요동치게 하는 택배 기사의 슬픈 한마디.

언뜻 보기에는 앞의 예시들보다 그럴싸한 미사여구와 수식어가 잘 섞여 있는 것처럼 보인다. 그러나 이것은 다음 이야기로 이어지기 힘든 과한 문장이다. 게다가 글쓴이가 담고자 하는 의미가 아기의 눈에 있는지 택배 기사의 한마디에 있는지 쉽게 알 수도 없다. 또한 앞에서부터 강조한 '말하듯이'의 자연스러움은 전혀 찾아보기 힘들다.

말은 때와 장소에 따라 조심해야 하는 만큼 어려운 것이지만, 또 말처럼 쉽게 내뱉게 되는 것도 없다. 오늘 자기가 했던 말, 다른 사람이 했던 수많은 말이 모두 의미 있게 기억되는 것은 아닐 것이다. 하지만 최고의 글쓰기 재료를 손쉽게 찾으려면 어떤 말 한마디를 곱씹어보는 것도 좋은 방법이 된다. '무심코 던진 말'이라 생각되는가. 그로 인해 자신이 어떤 행동을 했고 어떤 하루를 보내게 되었는지 떠올려보자. 이것은 생각보다 대단한 나비효과(나비의 작은 날갯짓이 지구 반대편에서는 태풍을 일으키기도 하는데, 이처럼 미세한 변화나 작은 사건이 추후 예상하지 못한 엄청난 결과로 이어진다는 의미)가 될 수도 있다.

직접 써보기

⭐ 오늘 하루 내가 했던 말이나 들었던 말 중에서 가장 기억에 남는 말, 특히 나에게 의미가 있던 한마디는 무엇인가요? 그 말의 내용을 포함해 본문의 예시처럼 한 편의 글로 이어질 수 있는 첫 문장을 만들어보세요.

해시태그, SNS로
짧은 글쓰기

글쓰기에도 유행이 있다

요즘은 유명인이 아니어도 대부분 인스타그램, 페이스북, 블로그, 트위터 같은 개인 SNS 계정을 하나쯤은 가지고 있다. 엄마들 역시 휴대폰에 넘쳐나는 아이 사진들을 매번 정리하기 힘드니 남기고 싶은 순간을 선택해 SNS에 저장해두곤 한다. 꼭 아이 사진이 아니더라도 취미나 직업과 연관된 기록, 예를 들면 요리·맛집·음식 사진 혹은 운동·다이어트의 기록 등 콘셉트의 제한 없이 자유롭게 일상을 업로드하고 공유한다. 오랜 시간과 공을 들이지 않아도 혼자 보기 아까운 아이의 예쁜 모습과 멋진 풍경을 실시간으로 간편하게 남길 수 있다는 점에서 육아맘에게 특히 유용하다.

더욱이 해시태그로 일상을 공유하는 것은 기록을 남기는 방법에 큰 변화를 가져왔다. 깊이 생각하고 멋들어진 문장을 쓰지 않아도 떠오르는 단어들을 마구잡이로 갖다 붙일 수 있으니 말이다. 그래서일까. 예전보다 SNS에 업로드되는 일상은 더 풍부해지고 속도도 훨씬 빨라졌다. 사진을 찍고 한 번쯤 더 생각하고 글을 쓰는 방식에서 벗어났으니 깊이가 덜하다는 아쉬움도 있는 건 사실이다. 하지만 이 또한 새로운 글쓰기 문화라고 볼 수 있을 것이다. 모든 것은 시대와 상황에 따라 변하기 마련이니까.

〈무한도전〉을 만든 '자막'의 힘

짧은 글쓰기 방식은 꽤 오래전부터 시작되었다. 지금은 종영된 인기 예능 프로그램 〈무한도전〉은 마치 스테디셀러처럼 오랜 기간 높은 시청률을 기록했다. 나는 종종 생각 없이 웃고 싶을 때면 아이를 재우고 나서 이 프로그램을 다시 보곤 한다. 그 이유 중 하나는, 볼륨을 높이지 않아도 된다는 장점이 한몫한다. 장면마다 지루할 틈도 없이 자막이 나오고, 때로는 출연자들이 이야기한 것보다 더 재미있는 자막도 많기 때문이다.

실제 프로그램 대본을 쓰다 보면 자막은 가장 마지막에 이루어지는 작업이다. 구성안이라고도 하는 대본은 전체 스토리 라인과 인물들의 관계 및 역할을 지정해준다. 리얼리티 프로그램 특성에 따라 진행자가 주어진 상황에 맞춰 프로그램을 이끌어가면 이후 편집 과정에서 자막을 입혀 프로그램이 완성된다. 그렇기 때문에 우리가 미처 인지하지도 못할 만큼 빠르게 지나가는 수많은 자막들이 프로그램의 완성도를 높이는 중요한 역할을 하고 있는 것이다. 특히 〈무한도전〉의 자막은 이미 여러 차례 논문으로 발표된 적이 있을 만큼 유명한 연구 사례이기도 하다. 자막은 짧지만, 그 무엇보다 큰 힘을 내기도 한다. 짧은 글이라고 깊이가 덜하다는 것은 오해다.

짧은 글쓰기의 원조는 삼국시대부터?

짧은 글쓰기에 대한 유래는 여기서 그치지 않는다. 학창 시절 국어 시간에 때로는 뜻도 모르고 줄줄 외우기도 했던 우리나라 고유의 옛 시조 역시 거슬러 올라가면 해시태그의 원조 격이라고 할 수 있겠다. 물론 몇 가지 규칙과 음운이 있다는 점에서 해시태그와는 큰 차이가 있다. 다만 우리가 흔히 문학작품이라고 일컫는, 예술적 가치가 높은 글 중에는 허무할 정도로 짧은 것도 많다는 이야기를 하고 싶은 것이다. 나는 아직도 고대가요 〈구지가〉를 처음 접했을 때의 충격을 잊을 수가 없다.

구지가(龜旨歌)   - 작자 미상

거북아 거북아

머리를 내놓아라.

내놓지 않으면

구워서 먹으리.

〈구지가〉는 현전하는 최고의 의식요이자 고대가요로 전해진다. 그러나 이 작품이 가지고 있는 역사적 배경이나 문학적 의의를 배우기에 앞서 내게는 상당히 놀라움과 당황스러움으로 다가왔던 기억이 있다. 심지어 처음 〈구지가〉가 쓰인 페이지를 펼쳤을 때는 옆의 짝꿍과 함께 농담을 하며 장난을 치기도 했다. '거북' 대신 친구의 이름을 넣어 놀리는 게 유행처럼 번졌을 정도로. 어쩌면 "꿈보다 해석"이라고 작품보다 해석이 더 좋은 건 아닐까 의심하기도 했다. 목을 내어놓지 않으면 구워서 먹겠다는, 일종의 협박 같기도 한 이 짧은 글이 한 나라의 왕(가락국의 김수로왕), 그리고 신화와 연결되어 있다니!

직접 글을 써보기 전에는 몰랐다. 때로는 한 줄의 빛나는 명언이 대하소설만큼 긴 글보다 어려울 수 있다는 사실을 말이다. 우리가 흔히 '함축적'이라고 말하는 짧은 글에는 긴 글로 풀어 설명할 수 있는 모든 것이 내포되어 있다. 중국 당나라의 시인 사공도(司空圖)는 함축의 특징을 일컬어 "한 글자도 덧붙이지 않았지만 풍류를 다했다."라고 표현했다고 한다. 세계에서 가장 짧은 정형시로 알려진 일본의 '하이쿠' 역시 총 17자밖에 되지 않는 글 속에 인생의 희로애락, 삶과 자연에 대한 깨달음이 담겨 있다. 그러니 이제 짧은 글의 진가를 인정할 수밖에 없지 않을까.

> 오래된 연못
> 개구리 뛰어드는
> 물소리
>
> – 마쓰오 바쇼(일본 에도시대의 하이쿠 시인)

문학적 감상에 젖어 있을 마음의 여유나 시간적인 여유가 부족한 엄마들에게 가끔 시조나 하이쿠 한 편 정도의 길이로 무언가 쓸 것을 권하고 싶다. 어쩌면 단 몇 초. 쓰는 순간은 잠깐일 것이다. 하지만 어느 날 곱씹어보았을 때 되살아나는 감동과 깊은 울림은 분명 긴 여운으로 다가올 것이다.

해시태그를 활용해 내 글 만들기

이제 우리가 SNS에서 가장 많이 활용하고 있는 해시태그 이야기로 돌아와보자. 초기 해시태그는 '#부산 #가방 #비행기 #요리' 등과 같이 지명이나 특정 사물을 지칭하는 명사로 이루어졌던 것이 대부분이었다. 그런데 요즘은 '#예쁜 #신나는 #달리는' 등등 형용사와 수식어조차 해시태그로 이루어지고 있다. 사실상 기호 '샵(#)'만 붙이면 어떤 문장을 써도 이상할 것이 없다. 단답형처럼 단순한 태그를 선호하던 방식은 사회적 분위기와 달라진 언어 패턴을 반영하기도 한다. 어쨌든 우리가 SNS로 소통을 원하는 자체가 무언가 남기고 싶은 말이 있기 때문은 아닐까.

주변 육아맘을 예로 들면, 실제 성격은 활발하고 명랑한 데 반해 SNS의 글은 차분하고 꼼꼼하다. 물론 그 반대의 경우도 많다. 때로는 평범한 엄마들의 일상을 담은 게시물에서도 엄마라서 가능한 성찰의 한마디가 와닿을 때가 많다.

이렇게 가끔 전혀 모르는 사람의 게시물을 보면서도 같은 육아맘으로서 공감하고 위로받게 되니 이런 점이 바로 SNS를 이용한 소통의 최대 장점이구나 싶기도 하다. 그럴 때면 나도 누군가에게 이처럼 공감을 이끌어낼 수 있는 멋진 글을 남기고 싶다는 욕심이 생긴다. 이럴 때 응용하면 좋은 것이 앞에서 말한 시조나 하이쿠, 생각 없이 지나치던 자막을 참고하는 것이다.

단어와 느낌은 전혀 다른 새로운 것일지라도 사람의 마음을 움직이는 짧은 글에는 유행이랄 것이 없다. 마음을 울리는 짧은 시구, (시대의 흐름을 반영한) 트렌디한 유머까지 두루 갖춘 미디어 속 자막, 반짝이는 아이디어로 가득한 광고 문구 등등 다양하게 활용할 수 있다. 그 예로 몇 년 전 어느 제약 회사의 광고 문구가 엄마와 육아라는 나의 현실과 겹치며 오래도록 공감했던 기억이 있다.

> 태어나서 가장 많이 참고, 일하고, 배우며, 해내고 있는데
> 엄마라는 경력은 왜 스펙 한 줄 되지 않는 걸까.
>
> — '박카스' 광고 중에서

지금까지 이야기한 모든 것을 활용해 자기만의 개성 있는 해시태그를 만들어보면 어떨까? 별다를 것 없는 게시물인데 유난히 '좋아요'나 팔로워 수가 많은 SNS 속 인기 스타들이 있다. 그들이 남겨놓은 해시태그나 문장을 살펴보면 마구잡이식으로 갖다 붙인 조합과 분명 다른, 그들만이 가진 독특한 어투가 느껴질 것이다. 그러나 무엇보다 소통의 하이라이트는 '공감'이라고 생각한다. 공감을 이끌어내기 위해서는 자신의 글에 스스로가 먼저 공감할 수 있어야 한다.

일상을 천천히 살펴보며 자신이 무엇과 진심으로 소통하고 공감하고 싶은지 들여다보는 것이 먼저다. 한 장의 사진을 업로드하더라도 자신의 콘셉트를 명확히 정해 태그를 달아보면 어떨까. 오늘 우리가 SNS에 남긴 짧은 글을 통해 어쩌면 누군가는 장문의 글을 봤을 때보다 더 큰 감동을 안고 돌아갈지도 모른다.

직접 써보기

★ 해시태그를 이용해 일상을 나열해보세요.

⭐ 마음에 드는 단어들을 선택해 조합한 후, 시(詩) 형식의 짧은 글로 만들어보세요.

'화' 쓰기로 푸는
육아 스트레스

"살림살이로 육아 스트레스가 풀려?"

육아에서 오는 스트레스를 어떻게 푸느냐는 또래 아이 엄마의 질문에 "정신없이 집안일을 한다."라고 대답했더니 그녀가 도무지 이해할 수 없다는 듯 반문했던 말이다. 얼떨결에 대답하긴 했지만 사실 쉽게 이해가 되지 않는 이야기다.

육아를 하다 보면 아이가 마냥 신기하고 예쁜 시기가 있는 반면 내가 낳았는데도 속을 알 수 없을 정도로 나를 힘들게 하는 시기도 있다. 좋을 때는 빨리 크는 게 아까울 만큼 하루가 모자라던 시간이 힘든 시기에는 더욱 더디게만 간다. 아이가 어느 정도 자라고 교육기관에 보낼 정도의 여유가 되면 모르겠지만, 종일 함께 있어야 하는 유아기 때는 육아에서 오는 스트레스를 달리 풀어낼 길이 마땅치 않다. 그럴 때면 나는 종종 미루어놓은 빨래를 한꺼번에 하거나, 갑자기 대청소를 하거나, 평소 좋아하던 요리에 몰두하곤 했다. 물론 이마저도 아이를 보면서 해야 하는 일인지라 스트레스가 풀리긴커녕 오히려 체력까지 바닥나는 경우가 다반사였지만.

스트레스의 악순환

"너는 글 쓰는 사람이잖아. 글을 쓰면 스트레스가 조금은 풀리지 않겠어?" 이렇게 묻는 사람도 종종 있다. 그러면 나는 대답 대신 학부 때 미술을 전공하고 지금도 그림을 그리는 친구의 이야기를 한다. 그녀도 아이를 돌보느라 마음 놓고 앉아 붓 터치 한 번, 아니 밑그림 그릴 연필 깎을 여유조차 마땅치 않다고. 현실은 늘 그렇다. 예술을 하는 사람들은 예술로 일상의 스트레스를 풀 수 있을까?

물론 작업을 시작해 몰입하게 되면 잡념도 잊을 수 있고, 작품을 통해 카타르시스를 얻으며 개인적인 삶의 만족도를 높이는 경우도 있을 것이다. 그러나 글이나 그림, 음악조차도 내가 돌보지 않으면 안 되는 어린아이와 함께라면 이야기는 달라진다. 스트레스를 푸는 도구로서 이런 활동은 아주 바람직하지만, 문제는 그럴만한 조건이나 여유가 충분하지 않다는 것이다. 그나마 실제 엄마들의 스트레스

해소 방법이라고 할 만한 일은 아이가 잠든 시간을 쪼개 가볍게 스트레칭을 하거나, 아주 잠깐이라도 즐겨 보는 TV 프로그램을 숨죽여 보는 일 정도가 대부분이다.

과거에 직장생활을 할 때는 '직장을 그만두고 집에서 살림만 하면 이렇게까지 스트레스를 받지는 않을 거야.'라고 생각했었다. 출근도 퇴근도, 심지어 휴가도 없는 육아라는 큰 산이 기다리고 있을 거라고는 그땐 정말 미처 몰랐다. 육아로 생기는 스트레스는 스트레스의 대상이 되는 아이와 멀어질 수 없다는 점에서 다른 스트레스보다 더욱 큰 문제다. 그래서 그때그때 스스로 스트레스를 해소할 방안을 만들어놓지 않으면 화가 쌓여 더 큰 분노가 되고, 그 감정이 아이에게까지 고스란히 전달되는 악순환을 낳는다.

글로 육아 스트레스 풀기: '화'를 기록하자

아이와 한창 실랑이가 이어지던 어느 날이었다. 달래도 보고 야단을 쳐도 그날따라 유난히 악을 쓰고 떼를 부리며 울어대는 아이 때문에 머리가 어떻게 될 지경이었다. 심하게 말하면 이러다 정신병에 걸리는 건 아닐까 싶기도 했다. 우는 아이를 내팽개치듯 침대에 눕혀놓고 거실에 나와 한참을 멍하니 서 있었다. '혹시 내가 감정조절장애인 건 아닐까?' '다른 엄마들은 이럴 때 어떻게 하지?'

라는 생각이 머릿속을 맴돌았다.

 문제는 해결되지 않고 아이의 울음만 거세지던 그날 밤, 잠든 아이를 보며 미안한 마음과 엄마로서의 죄책감에 시달려 더 많이 울어야 했다. 잠이 오지 않아 이런저런 육아 서적과 전문가들의 조언을 검색하다가 '화를 기록하라'는 대목에 눈길이 갔다. 화가 나는 순간, 예를 들면 화가 나는 시점·장소·상황을 먼저 자세히 써놓는 행위가 감정을 다스리는 출발점이 될 수 있다는 것이었다.

 말도 안 된다는 생각도 들었지만 그 당시 나는 이미 스트레스가 절정에 이르렀던 터라 밑져야 본전이라는 마음으로 '화'를 쓰기 시작했다. 주로 오전보다는 오후, 특히 점심 식사 전후에. 화나는 순간을 써 내려가며 깨닫게 된 또 한 가지 사실은 화나는 시점이 주로 공복 상태였다는 것이다. 웃지 못할 이야기지만 엄마도 사람이고 엄마에게도 배고픈 것은 참기 힘든 본능적인 일이다. 어떻게 보면 뻔한 결론 같은데 이성적인 어른으로서 차마 인정하기 싫었던 진실이기도 했다. 이렇게 화나는 순간을 글로 모아놓고 보니 나의 감정 패턴이 더욱 도드라지게 보이기 시작했다.

화가 난 일시와 상황

11:00 아침 식사 거름, 아이 점심 준비 중 저지레

14:00 아이가 낮잠에 들지 않고 보챔(점심 식사 전)

18:00 아이가 장난감을 던지며 떼쓰고 울었음(아빠 퇴근 전)

아이를 위해 엄마의 감정부터 다스리자

급하지 않은 일들은 뒤로 미루며 육아보다 내 감정을 먼저 다스리자고 마음먹은 후부터는 정말 많은 변화가 찾아왔다. 특히 내가 화나는 순간이 주로 공복이었던 점을 인정하고 배가 고프지 않더라도 아이를 돌보는 중 여유가 있을 때는 조금이라도 끼니를 챙겼다. 그렇게 포만감이 들자 전과 같은 상황이 반복되어도 이전만큼 화가 나는 일이 줄어들었다. 또 공복 이외에 남편이 퇴근하기 한 시간 전쯤이 가장 지치고 예민해져 있는 시간이라는 것도 알게 되었다. 그래서 이때만큼은 아이와 조금 떨어져 나만의 시간을 보냈다. 내 시간이라고 해도 가볍게 샤워를 하거나 다른 집안일을 하는 게 고작이었지만, 일단은 종일 밀착해 있던 아이에게서 잠시 떨어져보았다.

이런 방식으로 내가 기록해둔 '화가 나는 상황'을 피하려고 노력하다 보니, 어쩌면 스트레스의 원인은 모두 나에게 있었던 것은 아닐까 싶을 정도로 편안한 생활이 찾아왔다. 물론 이 방법이 항상 통하지는 않았지만, 감정적으로 너무나 지치고 힘들었던 그 시절에는 정말 큰 도움이 되었다. 스트레스는 만병의 근원이라고 하지 않는가! 나처럼 육아 때문에 풀지 못하는 스트레스를 쌓아두고 몸과 마음의 병을 키우고 있는 엄마들에게 꼭 권하고 싶은 방법이다. 여기에 1장 '전문가에게 배우는 감정 다스리기'의 내용도 같이 활용한다면 더욱 도움이 될 것이다.

원인을 알면 답이 보인다. 설사 답이 보이지 않더라도 적어도 문제가 무엇인지 객관적으로 들여다보는 좋은 계기가 될 수 있다. 이유 없이 화만 내는 엄마는 아닐까 자책하고 괴로워하던 마음에서 해방되고 싶다면 지금부터라도 화가 나는 순간을 기록해보자. 매번 되풀이되는 악순환의 고리를 일단 '화'를 쓰는 것으로 끊어보면 어떨까. 첫째는 엄마 자신을 위해서, 그다음은 영문도 모르고 엄마의 감정을 전해 받을 아이를 위해서.

직접 써보기

⭐ 하루 중 가장 화났던 순간을 기록해보세요. 본문의 예시와 같이 일시와 상황을 자세하게 작성해봅니다.

⭐ 어떤 순간에 가장 화를 많이 냈는지 정리해보세요.

예: 공복, 식사 전후, 새벽, 이른 시간, 남편이 야근할 때 등

★ 옆에 쓴 내용을 바탕으로 화나는 순간을 스스로 피할 수 있는 구체적인 대안을 적어보세요.

남편과 육아 팁을
공유하는 방법

내 남자의 실제?

나는 신랑과 짧게 연애한 후 결혼해 신혼생활을 길게 한 편이다. 그래서인지 연애와 결혼생활이 크게 다르진 않았다. 물론 부부간에 크고 작은 갈등이야 늘 있었지만 말이다. 그런데 아이가 생기기 전과 후는 정말 많이 달랐다. '이제부터가 진짜 결혼 생활이구나. 이게 현실이구나.' 싶을 정도로.

나는 때로 육아에 지칠 때면 나처럼 육아를 하고 있는 사람들이 그린 짧은 웹툰을 즐겨 보곤 한다. 특히나 자주 등장하는 소재는 바로 육아를 둘러싼 남편과 아내의 갈등이었다. 아이 하나를 기르는 일은 부모 한 사람 한 사람의 모든 가치관을 쏟아내는 일이다. 그렇다 보니 서로 다른 남녀가 만나 가정을 이룬 부부의 의견은 다양한 부분에서 충돌할 수밖에 없다. 어떤 웹툰을 보니 남편은 해도 욕을 먹고 안 해도 욕을 먹는단다. 아내가 아이를 돌보고 있을 때 어찌할 줄 몰라 어색하게 앉아 있거나 멀찍이 떨어져 있어도 밉상이고, 직접 육아에 나서 아이를 돌봐도 어쩐지 성에 차지 않아 밉상이라는 것이다. 아이를 기르는 집이라면 대부분 공감할 만한 이야기지만 마냥 웃을 수만은 없다. 이것이 바로 남편이 육아에 참여할 때의 현실이기도 하니까.

남편이 육아를 도와준다고요?

요즘은 가정 내 문화도 예전과 많이 달라져서 남편이 밖에서 일을 하면 집안일을 하지 않는 가부장적인 문화가 사라지고 있다. 우리 집도 요리를 내가 하면 남편이 설거지를 하는 식이고, 분리수거와 화장실 청소 등은 결혼 이후로 쭉 남편이 담당해 가사를 돌보는 편이다. 남들과 비교해 각자 얼마큼 집안일 비중을 나누고 있는지는 가늠할 수 없지만, 그래도 남편이 집안일에 꽤 많이 참여한다고 생각해왔다. 그런데 아이를 낳고 보니 그렇지가 않더라.

나도 엄마는 처음이라 육아에 대해서는 모르는 것투성인데 신기하게도 엄마가 되면 어떻게든 아이를 키워나간다. 전문가 입장에서 볼 때 그것이 꼭 정답은 아니라 할지라도, 내가 아는 대부분의 엄마들은 아이를 낳는 순간부터 저마다의 방법으로 자연스럽게 엄마의 역할을 해내고 있다.

그런데 아빠들은 어떤가. 물론 아주 드물게 육아에 재능(?)을 보이는 아빠들도 있긴 하지만 보통은 엄마의 진두지휘 아래 어찌할 바를 모르며 보조 역할을 하는 것이 대부분이다. 그나마 자신이 직접 배우고 나서서 해보려고 노력하는 스타일이면 개선의 여지가 있다. 하지만 여자를 이해하는 능력조차 아직 부족한 '남자 사람' 아빠에게 육아는 너무나 큰 산이다. 게다가 더 큰 문제는 아직까지도 '아내의 육아를 도와준다'는 생각이 바탕에 깔려 있는 경우가 많다는 점이다.

여자와 남자가 만나 가정을 이루고 서로 평등한 관계에서 가정생활을 해나가다가 아이는 엄마 혼자 키운다? 이것은 처음부터 말이 안 되는 출발이다. 그러니 남편은 현실적인 육아 노하우를 배우기에 앞서 아내와 '함께' 육아를 한다는 마음가짐부터 단단히 먹는 것이 중요한 일인 듯하다. 무엇보다 아이의 미래를 위해. '우리'의 아이이기 때문에. 이런 이야기는 사실 아이가 생겼을 때부터 뇌리에 박히도록 자주 이야기를 나누는 것이 좋다.

간결한 쪽지로 육아 노하우 전하기

나도 딱히 어떻게 해달라고 부탁은 하지 않으면서 남편이 어떻게 해주길 바라기만 하다 보니 자주 갈등이 생겼다. 내 입장에서는 '엄마가 처음인 나도 이렇게 하고 있으니 당신도 알아서 이 정도는 해줘야 하지 않나?'라는 생각이었다. 반면 남편의 입장은 '나도 아빠가 처음인데 가르쳐주고 말해줘야 알지, 어떻게 완벽히 알 수 있겠어?'였다. 이런 식으로 이야기하다 보면 끝이 나지 않는 싸움의 연속이고, 그 피해는 아무 죄도 없는 아이가 고스란히 입을 수도 있다.

연애 시절, 아니 아이를 낳기 전에는 갈등이 생기면 종종 편지를 주고받으며 풀기도 했는데 육아 문제로 부딪히는 상황에서는 그럴 여유조차 없었다. 그나마 아이가 잠들면 서로 필요한 이야기만 겨우 나누다가 지쳐 잠드는 일이 다반사니 말이다. 말로 전한 이야기는 금방 날아가버린다. 반복해서 이야기해주면 좋겠지만 했던 말을 계속해야 하는 입장도 힘이 들고 듣는 사람도 잔소리려니 생각해 흘려듣기 일쑤다. 육아라는 인생 최대의 고민을 놓고 부부가 좀 더 허심탄회하게 의견을 나눌 시간이 많으면 좋겠지만, 또 그렇게 해결이 될 수 있다면 금상첨화겠지만 사실 어렵다. 그래서 그럴 때마다 우리는 간단한 쪽지를 주고받기로 했다. 서로의 생각이 글로 쌓이니 꽤 도움이 되었다.

내가 겪고 보니 남편 혹은 아빠, 그 이전에 '남자'라는 사람은 최대한 이성적으로 간단하고 명료하게 하고 싶은 말을 전했을 때 가장 잘 이해하는 것 같다. 하지만 가뜩이나 육아로 지친 엄마가 처음부터 끝까지 이성적인 상태를 유지하며 말을 전하기는 쉽지 않다. 그렇기에 최대한 쪽지를 활용하라고 권하고 싶다.

아이가 신생아였을 때는 남편과 내가 밤낮이 바뀌니, 남편이 출근할 무렵에는 아이와 내가 꿈나라에 가 있어서 얼굴 마주치는 것조차 힘들었다. 그래서 밤에 잠들기 전에 과일 하나 또는 음료수 한 병과 함께 쪽지를 남겨놓곤 했다. 정말 하고 싶은 말은 '힘들어.' '피곤해.' 등이었지만 그런 투정은 차라리 말로 하는 게 낫다는 생각이다.

"아이 분유 먹일 때는 등을 좀 세워주면 좋겠어. 그러면 소화도 더 잘 되고 트림도 금방 할 수 있어. 기저귀 갈고 나서 뒤처리를 할 때는 스티커를 꼼꼼히 붙여줘. 내가 그렇게 해보니 쓰레기도 더 깔끔하게 버릴 수 있더라."

이런 방식으로 감정을 최대한 배제하고 실제 육아에 필요한 행동에 대해 한 가지씩 글로 남겨놓기 시작했다.

칭찬하고 또 칭찬하자

육아에 꽤 능숙해지기 시작한 남편은 내가 늘 하던 것들을 어쩌다

한 번씩 해도 이상하게 우쭐하고 생색을 내고 싶어 했다. 그럴 때면 또다시 할 말이 눈덩이처럼 불어나지만 꾹 참았다. "고마워." "당신 너무 잘한다." "최고의 아빠야."라는 칭찬 한마디면 갈등은 사라진다. 그리고 아빠는 정말 슈퍼맨이라도 되려는 듯 육아에 더욱 열을 올린다. 여전히 내 손길로 마무리가 되고 부족한 것투성이지만 처음을 생각하면 이게 어딘가 싶다.

TV 프로그램에 나오는 슈퍼맨 아빠들은 정녕 브라운관에만 존재하는 걸까? 하지만 그들에게도 분명 보이지 않는 갈등과 노력이 있었을 것이다. 그렇게 믿자. 아빠가 되는 것은 엄마가 되는 것보다 시간이 좀 더디게 걸릴 뿐이라고. 이 모든 일이 결국 우리 아이에게 좋은 부모가 되기 위한 노력의 과정이라는 사실은 똑같지 않은가.

그러던 어느 날 남편의 답장 같은 쪽지가 붙어 있는 것을 발견했다. 아직 말도 할 줄 모르는 아이 대신 일부러 글씨까지 삐뚤빼뚤 써가며 아이 시점으로 남긴 쪽지. 그저 웃음만 나왔다. 그날은 이상하게 육아가 힘들지 않았다.

연예계 대표 잉꼬부부로 알려진 최수종·하희라 부부에게 어떻게 하면 그렇게 오랜 기간 잘 지낼 수 있느냐고 누군가 물었다. 그랬더니 "서로를 아들처럼, 딸처럼 생각하면 편하다."라는 대답을 했다고 한다. 이래서 남편을 큰아들이라고들 하는구나.

지금도 남편이 쓴 이상한(?) 쪽지는 가장 잘 보이는 곳에 붙여두었다. 그렇게 우리는 남편과 아내를 넘어 엄마 아빠가 되어가고 있다.

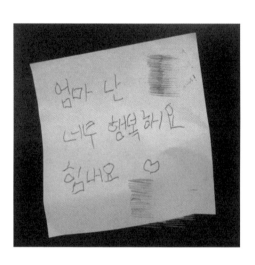

⭐ 남편에게 남기는 쪽지나 편지를 최대한 간단명료하게, 육아에 실질적으로 도움이 되는 내용 위주로 적어보세요. 기왕이면 격려와 칭찬의 메시지도 덧붙여보면 어떨까요?

5장

어떤 글을 어떻게 써야 할까

현명한 엄마를 위한
대화의 기술

　엄마가 쓰는 '글'을 논하기 전에 어떤 '말'을 할지부터 생각해보겠다. 나는 언젠가부터 'OO 엄마'로 불리는 일이 더 자연스러워졌다. 사람들은 이제 김 아무개라는 내 이름 대신 'OO 엄마'라는 호칭을 더 많이 사용한다. 그리고 'OO 엄마'라는 호칭은 곧바로 우리 아이와 연결된다. 이렇게 엄마로 살기 시작한 순간부터 모든 삶은 아이와 직결될 수밖에 없다.

　그래서 엄마가 된 여자들은 예전보다 모든 것이 조심스럽다. 특히 누군가와 대화를 나눌 때는 더욱 그렇다. 말은 곧 그 사람의 인격이자 마음의 얼굴이기 때문이다. 어쩌면 첫인상보다 더욱 중요한 것이 바로 말일 수도 있다. 말은 일생 동안 책임지고 함께 가야 할 결과물이니까. 어찌 보면 좋은 글을 쓰기 위해선 좋은 말이 먼저 나와야 하는지도 모른다. 더구나 엄마가 어떻게 말하는가에 따라 아이가 격려를 받을 수도, 상처를 받을 수도 있다. 아이에게 큰 영향을 미치는 만큼 엄마의 말은 더욱 중요하다.

수다가 아닌 '대화'를 만드는 기술

몇 년 전 아이를 양육하는 엄마들로 구성된 인터넷 맘카페에서 한 사람이 여과 없이 올린 글로 인해 해당 지역의 어린이집 교사가 스스로 목숨을 끊는 사건이 발생했다. 이는 사회적으로 큰 파장을 불러일으켰고, 졸지에 대한민국의 모든 엄마들이 마녀사냥을 즐기는 수다쟁이인 것마냥 인식하게 만들었다. 그러나 그것은 일부에 불과한 특수한 상황이었으며, 그저 하루하루 열심히 살아가던 대부분의 엄마들은 까닭 없이 억울했을 것이다.

물론 엄마들의 모든 수다에 깊은 의미가 담겨 있는 것은 아니겠지만, 그렇다고 한국의 엄마들을 한데 묶어 그저 수다스러운 아줌마쯤으로 보는 시선에 내내 마음이 불편했던 것도 사실이다. 누구나 일상의 가벼운 스트레스를 타인과 대화하며 푸는 경우도 많지 않은가. 그러니 기왕이면 좀 더 우아하고 교양 있는 대화를 나눠보자. 말투와 분위기만 바꿔 그런 척하는 것이 아니라 몇 마디만 나눠봐도 더 이야기하고 싶은 사람이 되는 것이다. 그러기 위해서는 다음 내용을 염두에 두고 대화에 임하기를 권한다.

1. 먼저 목적을 분명히 하자

일상에서의 신변잡기적인 수다를 제외하고, 말을 시작하기 전에는 일단 목적을 분명히 정해야 한다. 상대에게 무언가 설명하기 위한 말인지, 설득하기 위함인지, 아니면 동의를 구하거나 의견을 듣고자 하는 것인지 말이다.

설명하기 위한 말이라면 (목적에 맞춰) 먼저 커다란 틀에서 시작해 듣는 이의 상황을 고려하며 점차 세부적인 분야로 파고든다. 사실 설명, 즉 정보 전달이 목적이라면 자신이 아는 것을 전하는 것 외에 그다지 큰 기술이 필요하지는 않다. 그러나 상대를 설득하는 것이 목적이라면 좀 더 구체적인 전략을 세워야 한다.

김영하 작가가 어느 TV 프로그램에서 언급한 아리스토텔레스의 수사학을 예로 들어보겠다. 그에 따르면 남을 설득하기 위해서는 세 가지 요소를 갖춰야 한다.

1. 로고스(logos), 즉 논리다. 어떠한 근거로 설득을 하고자 하는지 말이 될 만한 논리가 충분해야 한다.
2. 파토스(pathos)는 감정과 고통에 관련된 것인데, 이는 청중의 고통에 공감하려는 자세와 같은 것이다. 파토스가 중요한 이유는 설령 1번의 논리가

조금 부족하더라도 마음을 이해하거나 공감할 수 있는 능력을 갖추었다면 신뢰하기가 더 쉽기 때문이다.

3. 에토스(ethos)는 아리스토텔레스가 가장 중요하다고 말한 것으로, 말을 하는 사람이 누구인가에 따른 설득력이다. 곧 말하는 사람이 얼마나 선하게 살아왔는가, 평소 얼마나 신뢰를 주었는가에 따라서 얻을 수 있는 설득력을 말한다.

2. 듣는 이의 상황을 고려하자

이는 아주 기본적인 원칙이다. 청중이 들을 준비가 되지 않았다면 말을 아무리 잘해도 소용없다. 듣는 이가 이야기에 귀 기울일 준비가 되었다면 그 이후에는 자신이 알고 있는 청중의 프로필(나이, 성별, 지적 수준, 관심사 등)을 고려하며 이야기를 진행한다.

혹 상대에 대한 파악이 아직 이야기를 나눌 만한 수준에 미치지 못했다면 먼저 질문으로 대화를 이끌어가는 것도 좋은 방법이다. 이는 자기가 먼저 말을 하겠다는 의사가 아니라 '당신의 이야기를 듣고 싶어요.'라는 의사 표시이기 때문에 훨씬 좋은 인상을 남길 수 있다. "이런 것은 어때요?" "어떤 것을 좋아하세요?" "어떻게 할까요?" 등과 같이 가급적 긍정적인 단어를 사용해 답변을 유도하는 대화를 시도해보자.

3. 간결한 문장과 바른 어휘를 사용하자

학창 시절을 떠올려보면 지금도 잘 이해되지 않는 것이 있다.

"다음으로 교장 선생님의 훈화가 있겠습니다."

모든 학교의 조회시간이 다 그렇지는 않았겠지만 1980~1990년 대를 살았던 대부분의 중년은 이 지루한 시간을 공통적으로 기억하고 있다. 한창 반항기 가득한 나이에 공식적으로 들어야 하는 잔소리를 반길 사람이 누가 있었겠냐마는, 일부 나이 든 교장 선생님들의 늘어지는 말투, 주제와 상관없이 곁가지처럼 뻗어 나가는 말에더 큰 문제가 있었던 것일지도 모르겠다. 특히 장난기 많은 학생들이 따라 하곤 했던 성대모사에는 '음…' '아아…' 등과 같이 말과 말사이에 섞인 불필요한 말버릇, 또 굳이 사용하지 않아도 되는 특유의 접속사 '그리고 말입니다.' '그러니까 에에… 또 그러니까…' 등이 단골로 등장했다.

이쯤 되면 우리가 훈화에 집중할 수 없었던 이유는 단지 그것을 잔소리로만 치부했기 때문은 아닌 듯하다. 그러니 우리는 이를 교훈 삼아 가능하면 사족을 없애고 간결한 문장으로 말하는 연습을 해야 한다. 대화를 하다 말문이 막히거나, 다음 이야기를 이어가기힘들 때 자신도 모르게 나오는 말버릇, 특유의 습관에 항상 주의하자. 의미 없는 말이 반복되면 신뢰가 생기기 어렵다는 사실을 기억해야 한다.

말은 일생을 걸고 바로잡아가야 하는 숙제

모두가 잘 아는 사실이지만 말은 한번 뱉으면 주워 담을 수가 없다. 엎질러진 물은 닦으면 그만이지만 말은 그럴 수 없다. 그래서 사람과 사람이 만나는 관계에서, 그것이 부모 자식이거나 부부처럼 아주 친밀한 사이일지라도 늘 조심하고 또 조심해도 부족하지 않은 것이 '말'이다.

또한 말은 어디까지나 하는 사람보다 듣는 사람의 입장을 먼저 생각해야 함은 두말할 나위가 없다. 말을 잘할 자신이 없다면 차라리 듣는 데 집중하는 편이 두서없는 말을 늘어놓는 것보다 훨씬 나을지도 모른다. 평소 자신이 말을 잘한다고 느꼈다면 스스로를 더욱 유심히 관찰해보자. 이제까지 과연 어떤 말을 하고 살아왔는지 가만히 생각해보는 것이다. 스스로를 냉정하게 보기 힘들다면 우리 아이가 어떤 말투로 말하고, 어떤 단어를 자주 사용하며, 어느 정도의 속도로 이야기하는지 유심히 살펴보면 된다. 그러면 본인의 말 습관이 보일 것이다. 바로 그것이 우리가 지금보다 한 차원 높은 수준의 대화를 이어가야 하는 이유이기도 하다.

우아한 대화, 교양 있는 수다는 겉으로 멋을 내는 음색이나 그럴듯한 단어를 쓰는 것에서 나오지 않는다. 오히려 그러한 대화는 신뢰감을 떨어뜨리고 금방 바닥을 보여 우스꽝스러운 사람이 되게 할 뿐이다. 어차피 말은 일생을 걸고 바로잡아가야 하는 숙제다. 그렇기 때문에 단번에 고치거나 바꾸려고 하기보다는, 말을 하기 전에 한 번이라도 더 생각하고 때론 내뱉은 말도 곱씹으면서 좀 더 나은 대화를 하려고 노력해야 한다.

모국어는 곧 엄마의 말

얼마 전 스타 강사 김창옥 교수의 '소통'에 관한 강의를 들은 적이 있다. 그날의 강의는 소통 중에서도 가족, 특히 부부 사이의 소통을 강조하는 내용이었는데, 누구보다 엄마들이 꼭 알았으면 하는 부분이 있어 소개하고자 한다.

외적인 매력에는 유통기한이 있다. 남자가 이성에 대한 매력이 무뎌지면 자신의 모국어를 사용한다는 연구 결과가 있다. 그 모국어(母國語, mother's tongue)는 남자가 어렸을 적 부모님이 대해주던 방식, 부모가 서로를 대했던 방식, 아이가 주변에서 봐왔던 언어 같은 것들로 형성되는 것이다.

부부 사이 소통에 관한 강의였기 때문에 강의 내내 그 부분에 대해서만 생각하고 있었는데, 문득 튀어나온 강사의 '모국어'에 관한 이론이 마음을 사로잡았다. 아마도 강사의 말이 익히 알고 있으면서도 외면하고 싶었던 부분을 정확히 건드렸기 때문일 것이다. 물론 강의 대상이 부부였기 때문에 모국어를 사용하는 상황은 남편이 아내가 여자 이상으로 편안해질 때 벌어질 수 있는 경우를 예로 든 것이었지만 우리는 분명 알고 있다. 우리가 지금 사용하고 있는 언어의 대부분은 부모님에게서, 특히 어머니에게서 대물림되었다는 사실을 말이다. 과연 우리는 지금까지 아이에게 어떤 모국어를 들려주고 있었을까? 이제 엄마의 언어가 특히 중요한 이유는 이제 더 이상 강조하지 않아도 충분할 것 같다.

아직도 카페에서 커피를 마시며 대화를 나누는 엄마들의 주제가 전부 그저 그런 가십거리에 불과할 것 같은가? 우리는 이제 아무 말이나 떠들어대는 부류가 아니다. 자기 자신과 타인 모두에게 좋은 영향을 줄 수 있는 대화를 나누도록 거듭 노력해야 한다. 엄마의 말은 아이의 모국어가 되니까.

직접 써보기

★ 대화를 나눌 상대를 정하고, 상대방과 나눌 대화 내용을 미리 정리해보세요. 목적에 맞추어, 듣는 이의 상황(나이, 직업, 관심사 등)을 고려해 실제로 나눌 대화의 내용을 메모로 간략히 옮겨봅니다.

비판적 글쓰기와
가족 뉴스 만들기

　지금까지는 '나'와 '나를 둘러싼 개인'의 이야기를 글로 만들어보는 시간이었다면 이제는 한 단계 더 나아가 사회적인 이슈 혹은 공공의 가치를 추구하는 비판적 글쓰기에 대해 알아보고자 한다. 포괄적으로 비판적인 글쓰기라고 했지만, 우리가 일반적으로 흔히 접할 수 있는 이러한 글쓰기는 뉴스 대본과 신문 기사가 대표적인 예다.

　인간의 사고력은 타인을 설득하기 위한 논쟁에서 비롯되었다는 설이 있다. 그만큼 이야기를 논리적으로 구성하는 일은 사고력과 깊은 연관이 있기 때문이다. 많은 기업과 대학에서 논술 면접을 추가한 것도 이러한 맥락에서다. 자신에 대한 이야기를 쓸 수 있게 되었다면 이제 그 이야기로 상대를 설득할 차례다.

올바른 표본 기사 고르기

시사 부문에 관한 글쓰기를 할 때는 우선 전문가들이 작성한 기사, 방송사를 대표하는 뉴스의 자막이나 앵커의 멘트를 유심히 듣고 배울 필요가 있다. 이때 중요한 것은 올바르게 작성한 기사를 가릴 줄 알아야 한다는 것이다. 이제는 뉴스도 스마트폰으로 포털사이트에서 보는 시대이다 보니 우리는 매우 방대한 양의 기사에 노출되어 있다. 그 속에는 소위 기사답지 못한 기사도 넘쳐나고 상업적인 목적이나 마케팅 용도로 작성된 자극적인 기사도 있는데, 이런 기사들도 여과 없이 받아들여지는 것이 문제다. 따라서 바른 기사를 볼 줄 아는 능력, 즉 필터링을 할 수 있는 능력이 반드시 선행되어야 한다. 그렇다면 기사를 볼 때는 무엇을 염두에 두면서 봐야 할까?

보도 글의 원칙

먼저 가장 기본이 되는 보도 글의 원칙은 일관성이다. 보도 글뿐만 아니라 모든 글에서 요구되는 조건이긴 하지만, 하나의 사건을 객관적으로 정확하게 보도해야 하는 시사 글쓰기에서 더욱 중요한 것이 바로 모든 구성 요소 간의 '통일성'이다. 따라서 기사를 읽을 때는 작성자가 처음 말하고자 했던 바와 실제 사건, 끝맺음까지 일관되게 연결되는가에 주목하고, 사이사이 다른 의견이나 불필요한 사건이 있지는 않았는가를 체크해봐야 한다. 그래서 궁극적으로 하나의 기사가 완벽히 완결되었는지를 판단해야 한다. 육하원칙에 근거해 빠진 부분은 없는지, 누가 봐도 의문을 품을 만한 구절은 없었는지를 살펴보고, 사건의 내용과 전달하려는 정보가 제대로 맞물려 깔끔하게 마무리되었는지 확인한다.

이렇게 올바로 작성된 기사를 선별할 수 있게 되면 그다음에는 기사와 같은 주제를 바탕으로 본격적인 쓰기 연습에 들어가보자.

1. 소제목에 유의하자

3대 노동 쇼크 초읽기

최저임금 10.9% 인상, 토·일요일도 '근로시간' 인정, 주5 2시간 계도기간 종료

최저임금 시행령 개정안 국무회의 통과 땐 1월부터 시행

주말도 근로시간 인정, 연내 탄력근로 확대 물 건너가

주 52시간 위반한 사업주 열흘 뒤엔 '쇠고랑' 찰 위기

실제 일하지 않은 시간도 노사가 유급휴일로 약정했다면 토·일요일도 임금 지급을 위한 '근로시간'으로 인정해야 한다는 내용의 최저임금법 시행령 개정안이 20일 차관회의를 통과했다. 오는 24일 열리는 국무회의를 통과하면 내년 1월 1일부터 곧바로 시행된다. 문재인 대통령이 최저임금 인상의 속도 조절을 주

문하고 경영계가 연봉 5천만 원 이상 고액 연봉자도 최저임금을 위반할 수 있다고 호소했음에도 고용노동부는 그대로 밀어붙이기로 했다. 이에 따라 산업현장은 당장 열흘 뒤면 10.9% 오르는 최저임금과 근로시간 단축 계도기간 종료, 여기에 최저임금법 시행령 개정까지 '3대 노무 리스크'를 한꺼번에 직면하게 됐다.

– "대통령 지시·경영계 호소·국회 만류도 무시한 채… 고용부 '마이웨이'",

한국경제, 2018.12.20.

위의 기사는 고용노동부의 최저임금법 시행령 개정안에 대해 이야기하고 있다. 이를 주제로 비판적인 글쓰기 연습을 하기 위해서는 먼저 '최저임금 시행령 개정안 국무회의 통과 땐 1월부터 시행' '주말도 근로시간 인정, 연내 탄력근로 확대 물 건너가' 등과 같은 소제목에 주목해야 한다. 타이틀을 정한다는 것은 곧 쓰게 될 글의 방향을 설정하는 것과 같다. 기사의 제목을 뽑아낼 수 있다면 이미 비판적인 글쓰기의 반은 해낸 것이나 다름없다.

2. 개인적인 의견을 분명히 밝히자(동의 vs. 반대)

위의 기사는 갑자기 오르게 될 최저임금에 대해 걱정스러운 태도와 유감을 표하고 있다. 기사의 내용과 이슈를 파악했다면 이제 이에 대해 동의와 공감을 표할지, 반박을 할지 자신의 의견을 분명히 정한다. 예를 들어 기사에 대해 동의 또는 반대하는 입장이라면 대략 다음과 같은 식으로 글쓰기가 이루어질 것이다.

비판적인 글쓰기 예시 1: 동의

모든 법 개정은 사회의 여러 측면에서 신중하게 검토한 후 결정되어야 한다. 금일 발표한 최저임금법이 곧바로 시행된다면 갑자기 인상된 최저임금을 감당할 수 없는 사업주는 물론 현장의 근로자들 또한 직접적인 타격을 입게 될 것이다. 현실적인 대안이 없는 법 개정은 국민에게 또 다른 부담만 가중시키는 결과를 초래하지 않을까.

비판적인 글쓰기 예시 2: 반대

최저임금은 어디까지나 고용주가 아닌 노동자의 입장에서 고려해야 한다. 따라서 시행 초반에 따르는 리스크를 감수하더라도 상대적으로 임금이 적은 계층과 청년층의 경제적 안정을 위해 꼭 필요한 개정이라고 생각한다.

위 예시와 같이 동의와 반대를 결정한 후에는 반드시 타당한 이유가 뒤따라야 한다. 이때 장황한 설명으로 주장을 부각시키기보다는 간결하지만 객관적인 상황, 논리적인 부연 설명으로 본인이 말하고자 했던 주제와 일관성을 유지하는 데 초점을 맞춰야 한다. 또한 최종 검토를 하면서 글의 맥락이 주제에서 벗어났는지 문장별로 체크하며 전체적인 글이 흔들림 없이 한 줄기로 이어지도록 다듬어야 한다. 비판적인 글쓰기의 핵심은 무엇보다 주장하는 바가 명확해야 하고, 주장을 뒷받침하는 글이 언제나 주제와 일치해야 하는 것이다.

⭐ 앞의 기사에 대해 동의 또는 반대 입장을 결정한 후, 예시와 같이 글로 작성해보세요. 3문장 이상 일관성이 유지되도록 작성해봅시다.

우리 가족 뉴스 만들기

비판적 글쓰기 연습을 충분히 했다면, 이제는 이를 아이와 함께하는 놀이에 적용해 우리 가족 이슈에 대한 뉴스를 만들어보자. 대본의 분량이 길 필요는 없다. 오히려 짧고 간결할수록 주제가 명확해진다. 대신 우리 가족의 이야기라고 해서 감정을 반영하거나 개인의 견해를 넣으면 안 된다는 점에 특히 주의해야 한다. 마치 신문 기사나 앵커의 멘트처럼 사실적이고 객관적인 형태로 작성해야 비판적 글쓰기 연습이 가능하다.

오늘 아침 식탁에서 일어난 사건

○○ 동생 △△는 평소와 달리 빨대컵으로 물을 먹지 않고 어른들과 같은 유리컵에 물을 달라고 주장. 엄마는 좀 더 지난 후에 컵을 사용하는 것이 좋겠다고 했지만 아빠는 △△에게 유리컵을 건네줌. 그 결과 △△는 컵을 쥐다 미끄러져 유리컵이 깨질 뻔했고 엄마는 아빠에게 매우 화를 냄.

상황을 객관적으로 정리했다면 이제 아이는 엄마 혹은 아빠의 입장, 그도 아니면 동생의 입장에서 의견을 제시할 수 있을 것이다. 이때 엄마가 도와줄 일은 아이가 처음 주장과 일관되게 마무리를 짓도록 지도하는 것이다. 이러한 훈련은 엄마와 아이 모두 문제의 상황을 더욱 침착하게 해결하는 데 큰 도움을 준다. 또한 비판적인 글쓰기를 위해 상호 간의 논의와 토론은 필수다. 사회적인 이슈도 좋고 집에서 일어난 사건도 좋다. 이제부터는 하나의 주제를 가지고 좀 더 논리정연한 대화를 이어가보자. 회를 거듭할수록 체계적인 사고가 가능해지며, 이는 비판적 글쓰기 능력으로 이어질 것이다.

직접 써보기

★ 우리 가족 사이에 또는 집안에서 일어난 하나의 사건을 객관적으로
정리한 뒤, 이에 대해 토론하고 그 내용을 간단한 문장으로 정리해보세요.

1. 사건(소제목, 타이틀 형식)

2. 토론 내용(동의와 반대로 구분) 및 결론

자전적 글쓰기: 수필, 에세이

　　한때 자신을 소개하는 도구로 '백문백답'이라는 것이 유행하던 시절이 있었다. 나 역시 처음에는 재미 삼아 가볍게 답하다가 점점 나 자신에 대해 이렇게나 모르고 있었나 싶어 놀랍다는 생각이 든 적이 있다. 단순한 질문에도 쉽게 답변하지 못해 쩔쩔맸으며 나 자신에 대한 정보인데도 전혀 확신이 서지 않았던 것이다. "좋아하는 색은 무엇인가?"라는 질문에 '하얀색'이라고 썼다가도 물건을 고를 때마다 회색을 즐겨 사는 내 모습이 떠올랐다. 나는 정말 하얀색을 좋아하는 걸까? 문득 방을 돌아봤을 때 하얀색 물건은 거의 없었는데 말이다. 이렇게 자신에 대한 질문에도 답하기 어려운 경우는 비단 나뿐만이 아닐 것이다.

스스로에게 질문하고 대답하라

세상에는 수많은 물음표가 존재한다. 하다못해 드라마 한 편을 보는 것도 어느 순간 주인공이 무엇 때문에 저런 표정을 짓고 있는지, 어떻게 해서 상황이 바뀌게 되는지 답을 찾아가는 과정이라고 볼 수 있다. 워낙 빠르게 지나가서 인지하지는 못하지만 우리는 모든 상황에 수없이 스스로 묻고 답하며 살아가고 있다. 그런데 자신을 둘러싼 세계와 타인에 대한 문답은 자연스럽게 이뤄지는 반면, 스스로에 대해 진지하게 묻고 답하는 과정은 소홀한 경우가 대부분이다.

스스로에게 물음표를 던지는 시간은 꼭 자서전이나 수필을 쓰겠다는 각오가 없더라도 인생에서 반드시 필요한 일 중 하나다. 자기 자신이 누군지를 바로 알아야 비로소 타인을 이해할 수 있으니 말이다. 오늘만큼은 그 누구보다 자신에게 집중해보길 바란다. 먼저 가장 기본적이고 사소한 것들부터 스스로 질문하고 대답해보자.

"내가 좋아하는 색깔은?"

"내가 좋아하는 동물은?"

"내가 좋아하는 계절은?"

"내가 좋아하는 음식은?"

"내가 좋아하는 장소는?"

이제 이러한 질문과 반대되는 상황을 만들어보자.

"내가 싫어하는 색깔은?"

"내가 싫어하는 동물은?"

"내가 싫어하는 계절은?"

"내가 잘 먹지 않는 음식은?"

"내가 피하고 싶은 장소는?"

자기도 모르는 습관이나 버릇에 대한 질문도 던져보자.

"혼자 있을 때 가장 많이 하는 일은?"

"하루 동안 가장 많이 쓰는 단어는?"

가장 최초의 기억을 찾아내자

좋아하거나 싫어하는 것에 대한 답변을 했다면 그것을 처음 마주했을 때의 과거, 즉 자기가 만났던 최초의 상황으로 거슬러 올라가는 일이 무엇보다 중요하다. 마치 최면에 걸려 과거의 한 시점으로 돌아가듯 말이다. 이런 식으로 우리는 표면적으로 알고 있는 자신의 성향 혹은 취향에 대해 더욱 깊이 있는 접근이 가능해진다.

이제 앞에서 질문한 상황들과 관련지어 자신만이 알고 있는 이유, 그와 관련된 기억을 소환해보자.

좋아하는 음식을 먹게 된 최초의 기억을 떠올려 그날의 상황을 묘사해보자. 마찬가지로 동물, 계절, 장소에도 적용해보자. 그때 나는 어떤 말을 했는가? 어떤 행동을 했으며 왜 그렇게 했는가?

이제 꿈에서 서서히 깨어나듯 현실로 돌아와보자. 자신에 대한 질문과 그 답을 찾는 과정에서 마주친 최초의 '나', 그와 마주한 심정이 어떠한가? 행복과 환희로 찬 순간이 그려졌을 수도 있고 결코 마주하고 싶지 않은 아픈 기억이 떠올랐을 수도 있다. 그게 무엇이든 있는 그대로 쓰고 받아들이자. 그 모든 것이 지금의 '나'를 만들었으니까. 이러한 과정을 통해 비로소 우리는 진정한 '나'에 대해 쓸 수 있게 될 것이다.

형식에 구애받지 않는 자전적 글쓰기

수필, 에세이, 자서전 모두 '나'에 대한 개인적인 견해가 담긴 기록이라는 점에서 비슷하다. 문답을 통해 진정한 자신을 찾았다면 이후의 글쓰기는 하나의 사건이 크게 부각된 '긴 일기'라고 봐도 무방

할 것이다. 또한 여기서 쓰는 글의 양식은 모든 문학을 통틀어 가장 유연하고 융통성 있는 장르이므로 어떤 형태를 취해도 좋다. 오히려 형식에 구애받지 않기 때문에 내용에 따라 더욱 개성 있고 차별화된 전략을 짤 수도 있다. 가령 편지글, 기행문의 형태를 취할 수도 있고 처음부터 끝까지 일기 형식의 평범한 문체를 유지해도 관계없다. 유명한 구절을 인용하고 그에 대한 짧은 생각을 옮기는 방식으로 시작하는 것도 하나의 방법이다. 그러나 자전적인 글쓰기에서 무엇보다 중요한 점은 자신이 직접 부딪히고 느꼈던 경험, 그것을 바탕으로 얻은 자신만의 감정이 들어가야 한다는 것이다.

옛날식으로 무친 가지나물과 호박나물, 흰죽과 육젓, 고약처럼 까만 알이 잔뜩 든 민물게장, 이런 것들에 대한 그리움은 식욕의 차원이 아닌 정신적인 갈망 같은 거였다. 그뿐이 아니었다. 촉촉하게 내리는 봄비가 고층 아파트까지 밀어 올리는 흙냄새를 맡고 있노라면 불현듯 비오는 날이면 동무들 집으로 꽃모종을 하러 다니던 어린 계집애가 그리워서 가슴이 아려오곤 했다.

−『두부』(박완서 지음, 창비, 2002) 중에서

자전적인 글쓰기는 무엇보다도 자신이 가진 기억과 감정을 자신의 언어로 끌어내는 것에 최대한 초점을 맞춰야 한다. 『두부』에서 인용한 구절에서처럼 마치 사물과 풍경이 눈앞에 있는 것 같은 구체적인 묘사와 더불어 그것들을 대할 때 떠오르는 기억과 상념을 연결하는 방법이 가장 효과적이다. 이 밖에도 황경신 산문집『생각이 나서』, 혜민 스님의『멈추면, 비로소 보이는 것들』같은 도서를 참고하면 도움이 될 것이다.

직접 써보기

⭐ 앞에서 문답한 내용을 정리해 나에 대한 한 편의 자전적 글을 완성
해보세요.

홍보하는 글쓰기: 타기팅과 제품 리뷰

대세는 홍보! 차별과 노하우는 필수

최근에는 전업주부인 아이 엄마들도 제품을 알리거나 행사와 관련된 정보를 전달하는 이벤트, 홍보 글쓰기 부업을 SNS 등을 통해 활발히 진행하고 있다. 소정의 홍보비를 받았음을 공지하고 제품 지원 여부와 홍보성 유무를 명확히 밝히면 합법적으로 활동할 수 있다. 그래서 시간적·공간적 제약이 많은 아이 엄마들에게 각광받는 소일거리이기도 하다. 겉보기에는 누구나 손쉽게 할 수 있는 일 같아 보이지만, 다양한 제품을 소개하는 수많은 홍보물 속에서 눈길을 사로잡기 위해서는 차별화된 전략과 노하우가 반드시 필요하다. 실제로 주변에서도 별다른 각오 없이 시작했다가 리뷰해야 할 제품 수가 늘어나고 원고량이 증가하자 더 이상 쓸 것이 없다며 막막해 하는 경우를 자주 보았다.

효과적으로 타기팅하는 방법

홍보 글을 쓸 때 가장 우선적으로 고려해야 할 것은 홍보 대상이 누구인가를 설정하는 것이다. 무언가 말을 할 때 청자의 상황을 고려하거나, 글을 쓸 때 독자의 수준을 파악하는 것과 같은 이치다. 마케팅에서는 이것을 '타기팅(targeting)'이라고 한다. 구체적으로는 홍보 대상의 성별, 나이, 직업 등은 물론 이를 더욱 세분화해 소득, 거주 지역, 자녀 유무 등 목적에 맞게 분류함으로써 직접 구매하게 될 대상을 선정하는 작업이다.

매일 새로운 물건이 쏟아지고, 데이터가 넘쳐나고, 직업은 더욱 세분화되고 있는 현대에는 과거보다 더욱 정교하고 세밀한 타기팅이 필수 요건으로 자리 잡고 있다. 그렇다면 타기팅은 어떻게 이루어지는 것일까? 여기에서는 우리가 원하는 홍보 글쓰기의 범위가 국가 차원의 캠페인 또는 거대한 기업의 홍보 사업이 아니라는 점을 염두에 두고 접근해보자.

1. 소비자의 타깃을 세분화하는 작업

환경, 세대, 지리, 가치관, 건강, 라이프스타일 등을 기준으로 홍보하고자 하는 대상을 더욱 구체적으로 설정할 수 있다.

- 개인적 요소: 보유 기술, 종교, 정치적 성향
- 사회적 관계: 친구, 가족, 동료
- 커뮤니티: 학교, 직장, 동호회
- 사회적 요소: 문화, 법, 정부

이러한 세분화 작업(segmentation)을 바탕으로 구체적인 타깃을 설정했다면 다음에는 포지셔닝이 필요하다.

2. 포지셔닝 작업이 필요하다

포지셔닝(positioning)이란 소비자들이 인지·지각하는 범위에서 홍보하고자 하는 제품의 바람직한 위치를 선정하는 것을 뜻한다. 대표적인 포지셔닝 전략 중 하나는 심리적인 방법과 물리적인 방법으로 나누어 소비자들에게 접근하는 것이다. 심리적인 포지셔닝은 해당 제품 혹은 브랜드에 대한 신뢰, 가치관 등에 기반을 두는 것이며, 물리적인 포지셔닝은 실제 제품이 가진 품질 및 기술 등과 관련이 있다.

가령 오랜 세월 동안 인기 있던 조미료 다시다는 해당 제품의 상표만 봐도 부모님, 고향 등의 따뜻한 이미지를 떠올리게 된다. 브랜드만 보고 바로 떠오르는 감정이 있고 그것이 호감으로 연결된다면 심리적 포지셔닝에 해당한다. 또 이미지나 브랜드 선호도뿐만 아니라 오랜 기간 학습되어온 일상(예: "상처엔 후시딘"), 제품 서비스에 대한 소비자의 인식(예: 'ㅇㅇ전자는 A/S가 확실하다.')도 영향을 줄 수 있다.

물리적 포지셔닝은 말 그대로 제품이 가진 성능과 속성이다. 브랜드의 이미지와 개인적인 호감도가 아무리 좋다 해도 실제 제품을 사용했을 때 만족도가 떨어진다면 이미지는 순식간에 추락할 수 있다(예: '맛집'으로 소개된 음식점에서 겪은 형편없는 서비스 등). 특히 최근에는 이러한 것들을 경쟁적으로 비교·분석하는 일반 구매자들도 늘어나는 추세여서 단순히 이미지와 홍보만 가지고 성공하기는 어렵다.

결국 심리적인 포지셔닝과 물리적인 포지셔닝이 서로 균형과 조화를 이루어야 비로소 경쟁력을 갖춘 마케팅이 가능해진다. 이러한 전략을 염두에 둔다면 단순한 홍보 글이라도 더욱 효과적으로 쓸 수 있을 것이다.

일상에서의 홍보 글쓰기

이상 타기팅과 관련한 기본적인 내용을 포괄적이고 간단하게 기술해보았다. 이제 이 내용을 바탕으로 우리가 실생활에서 작성하는 홍보 글에 어떻게 적용할 수 있는지 알아보자.

최근 가장 흔한 형식의 SNS 리뷰 중 하나인 '맛집' 홍보를 예로 들어보겠다.

○○ 식당은 최근 인구가 증가하고 있는 신도시 내에 새로 오픈한 프렌치 레스토랑이다. 간단한 코스 요리와 파스타가 주 메뉴이며, 오전에는 브런치 세트 메뉴를 저렴한 가격으로 판매하고 있다. 유럽 풍의 멋스러운 인테리어로 오가는 이의 눈길을 사로잡는다. 또한 간단한 유아 시설과 아기 의자 등을 마련해두어 가족 단위로 아이들과 함께 방문하기에 좋다.

식당을 홍보하기 위해서는 먼저 식당의 홍보 글을 보았을 때 가장 구매욕구가 일어나는 타깃, 즉 대상을 선정해야 한다.

사회적 범위의 접근(targeting)

지역적 특색: 신도시 → 젊은층 유입 증가 → 3~4인 소가족 중심 → 초등학생 이하의 어린이 및 30~40대 중·장년층 거주

타깃 세분화(segmentation)

라이프스타일 분석: 30~40대 중·장년층 중 오전 브런치 세트 식사가 가능한 여성 → 주부

이런 식으로 구체적인 타깃(30~40대 주부)을 정했다면 식당을 홍보하는 글쓰기는 더욱 명확하고 유리해진다. 이때 주의할 점은 식당을 구구절절 소개하는 글쓰기는 일단 뒤로 미뤄두어야 한다는 것이다. 일반적인 소개 형식의 글보다는 설정한 대상을 단번에 유혹할 만한 매력적인 문구 하나에 더 집중하는 것이 중요하다. 이러한 점을 고려해 다음과 같이 표현해보면 어떨까?

일상에 지친 나를 위해!

도보로 10분. 그러나 마치 유럽으로 여행을 온 것 같다.

합리적인 비용으로 즐길 수 있는 오전의 여유,

꿀처럼 달콤한 시간과 근사한 미식 여행을 선물해드립니다.

○○식당, 브런치 세트(AM 10:00~PM 01:00)

명언, 격언, 유머와 반전이 담긴 슬로건 적극 활용하기

사실 SNS상의 홍보 글쓰기는 이미 그 대상이 어느 정도 한정되어 있다. 왜냐하면 휴대폰을 다룰 줄 모르는 어린아이 혹은 고령의 노인 등 SNS 활동에 제한적인 연령층이 있기 때문이다. 적어도 SNS를 통해 홍보 글을 접할 수 있을 정도의 연령대, 그리고 그것을 활용할 수 있는 대상으로 이미 타깃의 범위는 압축되어 있다. 그렇기 때문에 홍보 글의 효과를 높이고, 다른 글과 차별화하기 위해 더더욱 타깃을 세분화하는 작업이 필수적이다.

앞에서처럼 타깃 설정을 마치고 핵심이 될 만한 문구를 결정했다면 이제부터는 정보 전달, 구매를 유도하는 목적을 달성하기 위한 글쓰기가 필요하다. 제품을 설명하기 위한 필수 요소나 행사의 기본적인 성격을 알리는 일 등을 차별화하기는 매우 어렵다. 하지만 방식을 달리해 접근하면 시선을 끄는 데 도움이 된다. 이를테면 반전, 에피소드, 명언이나 격언을 활용하는 방식이다. 한때 인터넷에서 반전을 이용한 생활 시로 유머러스한 코드를 이끌며 인기를 얻은 글이 있다.

고민하게 돼

우리 둘 사이

– '축의금' 중에서(하상욱 단편시집)

어느 날 운명이 말했다.

작작 말기라고.

– 『블랙코미디』(유병재 지음, 비채, 2017) 중에서

농담 혹은 말장난 같은 역발상, 반전으로 재미를 주었던 이 글들은 길이가 짧아도 많은 공감을 얻었고 오히려 단순해서 더 기억에

남는 시너지 효과를 가져왔다. SNS에서 홍보 글을 작성할 때 유의할 점은, 누구나 알고 있는 정보를 하염없이 늘어놓다가는 소비자의 구매욕을 오히려 떨어뜨리는 역효과를 가져올 수도 있다는 것이다. 때로는 오히려 위와 같이 반전을 이용한 짧은 글이 더욱 효과적일 수 있다.

개인의 경험에 근거해 리얼리티를 살려낼 것

그러나 모든 제품과 이벤트에 반전을 활용할 수는 없는 법. 그럴 때는 개인의 일상에 근거한 에피소드를 첨가하는 것도 좋은 팁이 될 수 있다. 흔히 온라인상에서 자주 접할 수 있는 '제품 사용 솔직 후기' 등과 같은 맥락이지만, 오로지 소개하고자 하는 제품에 집중하는 것이 아니라는 점에서 조금 다른 버전의 리뷰라고 할 수 있겠다. 예를 들면 홍보하고자 하는 제품을 사용하기 이전에 자신이 겪은 불편을 부각시킨다든지, 제품의 실제 기능과는 관계없지만 제품으로 인해 벌어진 가족 간의 즐거운 일상 등을 리얼하게 기록하는 것이다.

육아 용품으로 아기 의자를 지원받았다고 가정해보자. 태어나서 처음으로 엄마 품이 아닌 의자에 앉은 아이는 낯선 물건에 대한 호기심으로 의자를 물거나 빼는 등 전혀 예상치 못한 행동을 했을 수도 있고, 앉는 방법을 몰라 장난감처럼 끌고 다녔을 수도 있다. 가족들이 웃음을 참으며 아이가 의자에 적응해가는 모습을 지켜보았다 거나, 차근차근 사용 방법을 일러주며 아이와 더 가까워지는 시간을 만들었을 수도 있다.

이런 식의 접근은 단순히 제품 홍보 글이라는 부담감을 덜어 독자가 글에 더 집중할 수 있게 한다. 같은 방식으로 유명인의 어록이나 속담, 격언 등을 적절히 활용하는 것도 도움이 된다. 그러나 맥락에 어긋나는 활용은 오히려 독이 될 수 있으니 주의할 것! 본인이 거부감 없이 편하고 즐겁게 읽을 수 있어야 상대도 그렇다는 사실을 반드시 기억해야 한다.

직접 써보기

⭐ 나만의 방식으로 맛집을 소개하는 홍보 글을 작성해보세요.

★ 반전, 에피소드, 격언 등을 활용해 소개하고 싶은 제품을 홍보해보세요.

⭐ 앞의 홍보 글을 퇴고하며 지루하고 부담스러운 문장을 과감히 삭제하세요.

⭐ 마지막으로 본인이 알리고자 하는 제품이나 상황에 대해 가장 중심이 되는 문구를 글의 앞뒤로 반복 배치해보세요.

특별한 리뷰: 영화, 공연, 방송

　최근 리뷰(review) 시장에는 전문가 같은 비전문가가 상당히 많아졌다. 개인이 자신의 관심사에 따라 방송까지 하는 세상이니 더 이상 연예인과 유행만 좇는 시대가 아님은 두말할 필요도 없다. '개성'은 어떤 분야든 늘 강조되지만, 특히 공연이나 영화 등을 보고 개인적인 감상을 담은 리뷰에서는 작가의 개성이나 성향이 더욱 두드러진다. 심지어 어떤 이들은 의사 결정을 할 때마다 매번 본인과 성향이 맞는 SNS의 팔로워나 블로거 등의 리뷰를 참고하기도 한다. 이처럼 개성이 뚜렷한 리뷰어는 충성도 높은 팬층을 확보할 수 있고, 그만큼 책임감 또한 막중하다. 자신의 한마디가 타인의 의사결정에 직접적으로 영향을 미칠 수 있기 때문이다.

영화 리뷰

영화 리뷰는 스포일러가 있을 경우 그것을 먼저 표기해두는 것이 좋다. 본인의 감상이 섞인 짧은 평이라면 관계없겠지만 영화의 줄거리가 상당 부분 포함되었다면 처음부터 스포일러가 있음을 알리고 시작해야 한다. 아이들이 영화 혹은 애니메이션 리뷰를 쓴다면 대부분 내용을 언급하지 않고 의견을 쓰기가 어려우므로 이 부분에 대해 더욱 확실한 '예고'가 필요하다.

한줄평이 먼저다

영화 리뷰를 쓰기에 앞서 일명 '한줄평'이라 불리는 한 문장 쓰기를 먼저 추천한다. 영화의 모든 내용을 한 문장으로 압축할 수 있는 자기만의 한줄평이 곧 영화 리뷰의 핵심이며, 리뷰의 첫 문장으로도 활용될 수 있기 때문이다. 또 한줄평은 영화 속 명대사와도 연결된다. 명대사를 재치 있게 패러디한 한줄평은 오히려 명대사보다 더 오래 많은 사람들의 기억 속에 각인되기도 한다. 그만큼 효과적이라는 뜻이다.

많은 사람들이 전문가의 평이 아닌 일반인의 리뷰를 보고자 하는 것은 다른 사람들의 호불호와 개인적인 견해를 궁금해하는 것이다. 따라서 리뷰 초반에 먼저 자신의 의견을 강하게 어필하는 것이 좋다. 위에서 언급한 것처럼 한줄평을 시작으로 의견을 정리해도 좋고, 특히 감정적인 결론부터 말하는 것을 추천한다.

예시 1: 한줄평 사용 예시

지금까지 이런 영화는 없었다. 이것은 영화인가 통닭 광고인가.

– 영화 <극한직업> 명대사 패러디

예시 2: 결론부터 시작

이 작품은 감히 내가 본 최고의 애니메이션이라고 할 수 있겠다. 결론부터 말해 이 영화를 보는 내내 웃음을 참을 수 없었다.

영화 전반에 관한 배경지식을 공부하라

역사·전쟁 영화에는 반드시 시대적인 배경과 상황이 존재한다. 이를 이해하지 못하면 등장인물들이 아무리 열연을 펼쳤다 해도 영화를 제대로 이해했다고 말하기 어려울 것이다. 디즈니 애니메이션이라고 해도 전편에 대한 후속작이라든지 제작 과정에 대한 상식 등을 알고 있다면 리뷰는 훨씬 풍성해진다. 따라서 영화 리뷰를 쓰기 전에 영화 속 인물들이 처한 시대 상황, 역사적 사실, 그도 아니면 특별한 제작 기법이나 감독의 성향 등에 관해 먼저 공부하는 작업이 필요하다. 아이와 함께 먼저 영화를 시청한 후, 영화를 이해하기 위해 알아야 할 것들을 함께 찾아 정리해보자. 그 후에 다시 처음부터 영화를 감상해보자. 이전과 완전히 다른 재미와 감동을 느낄 수 있을 것이다.

직접 써보기

⭐ 영화 한 편을 선정해 작품에 대한 한줄평을 작성해보고, 이를 토대로 간단한 리뷰를 남겨보세요.

– 한줄평

– 작품 배경

– 작품 리뷰

본래 작품과 팸플릿을 활용하자

연극이나 뮤지컬 같은 공연은 반드시 관객에게 전하고자 하는 주요 메시지가 있다. 특히 아이와 함께 볼 수 있는 전체 관람가 공연일 경우에는 이미 시중에 나와 스테디셀러가 된 작품을 재해석하거나 무대에 맞춰 각색해 연출하는 공연일 가능성이 높다. 우리에게 익히 알려진 뮤지컬 〈오페라의 유령〉〈명성황후〉 등이 바로 그런 사례다. 원 작품이 있는 공연을 리뷰할 예정이라면 영화와 달리 본래의 작품을 먼저 볼 것을 추천한다. 뮤지컬과 연극 같은 공연에서는 화려한 무대와 음향 등에 묻혀 줄거리를 놓치는 경우가 종종 있기 때문이다. 먼저 기본적인 이야기의 틀을 아는 상태에서 공연을 보는 것이 더욱 이해하기 쉬운 방법이다.

또한 공연을 보았다면 팸플릿을 십분 활용하는 것 또한 유용한 방법이다. 팸플릿에는 공연에 관한 주요 내용이 압축적으로 담겨 있으므로 이후 리뷰를 쓸 때 도움을 얻을 수 있다. 특히 놓치기 쉬운 등장인물들의 이름과 역할까지 기록되어 있으므로 팸플릿을 적극 활용하는 것은 좋은 리뷰를 쓸 수 있는 하나의 팁이다.

직접 써보기

⭐ 기존 작품을 토대로 만든 연극, 뮤지컬을 감상한 뒤 본래의 작품과
비교해보세요. 특히 어떤 점이 다르고, 어떤 점이 좋았는지에 중점을 두
고 리뷰를 작성해보세요.

방송 프로그램 리뷰

철저하게 시청자의 입장에서

TV 프로그램 리뷰를 할 때는 장르를 먼저 명확하게 구분해야 한다. 리뷰하고자 하는 프로그램의 장르가 드라마인지, 예능인지, 시사 교양인지 확인하고, 예능 중에서도 경연·오락·쇼버라이어티 등의 부문을 구분해 프로그램의 성격과 대상을 정확하게 파악하고 있어야 한다. 이에 따라 프로그램의 내용이 설정된 대상(시청자)이 보기에 적절했는지를 중점적으로 살펴본다.

예를 들어 모든 연령이 시청 가능한 〈슈퍼맨이 돌아왔다〉는 육아리얼리티를 표방하고 있는 주말 예능 프로그램이다. 그런데 여기서 화장품 소개가 과도하게 나온다든지, 아버지들이 모여 술을 마시는 장면이 지속적으로 노출되었다면 이는 대상 시청자와 무관하거나 문제가 될 소지가 있으므로 지적하고 넘어가는 것이 좋다. 소위 '시청자 평가단' 같은 성격을 띠고 있지만 조금 다른 점은 방송법을 근거로 비판적인 평가를 하기보다는, 시청자가 보기에 프로그램 내용에서 벗어나 보기 불편했다는 점을 언급하는 정도라는 것이다. 그 외에 특별히 좋았던 장면, 기억에 남는 영상과 대사 등을 함께 작성하고 간단한 개인의 바람이나 느낌 정도를 기록하는 것이 바람직하다.

'만약 나였다면'이라는 상황을 대입해 직접 프로그램의 방향을 설정해보는 것도 아이와 함께하면 효과적인 작업이다. 이것은 개인방송 시대와 더욱 연관이 있으므로 이어서 언급하겠다.

내가 주인공인 시대, 개인방송 리뷰

개인방송 분야는 리뷰를 하려는 대상 자체가 일반인이기 때문에 특별한 형식이나 제약이 없다. 자신이 평소 즐겨 보는 개인방송, 라이브방송이 있다면 그것을 리뷰하는 습관을 들이자. 저마다 보여주고 싶은 것을 자유롭게 선보이는 새로운 방송 시장에서, 개인방송 리뷰어라는 장르 또한 신선한 발상이 될 것이다.

꼭 리뷰어로 활동하려는 의도가 아니더라도 본인이 개인방송을 제작·운영하고자 한다면 시작 전에 유사 장르의 방송들을 리뷰해보는 것이 좋다. 본인이 하고자 하는 주제의 방송을 검색해보고 이를 세분화해 객관적이고 비판적인 시각으로 리뷰하는 작업은 이후 활동에 큰 도움이 된다. 장단점 분석이 끝나면 기존의 방송보다 한 단계 업그레이드된 자신만의 방송을 만들 수 있을 것이다.

직접 써보기

⭐ 최근 시청한 방송 프로그램이나 개인방송에 대한 리뷰를 자유롭게
작성해보세요.

6장

나만의 스타일을 만드는 글쓰기 비법

등장인물과 주인공
설정하기

등장인물 정하기

　모든 글에는 주인공이 존재한다. 따라서 본격적으로 어떤 글을 쓰기에 앞서 등장인물을 정하는 것은 무엇보다 중요한 준비 작업이다. 학부생이었던 시절, 소설가이자 교수였던 스승님은 이런 말씀을 하셨다.

　"작가가 이해하지 못하는 인물이 있어서는 안 된다. 작가는 어떤 사람이든 그 사람의 삶을 완벽히 이해할 수 있어야 한다. 그것이 먼저고, 그래야 쓸 수 있다."

　글을 쓰기 전에 어떠한 글이든 (하물며 주인공이 동물인 글이라 할지라도)

그 속에 등장하는 인물의 내면까지 완전히 파악해야만 상황과 갈등 설정이 가능해진다. 그러려면 먼저 쓰고자 하는 인물들을 깊이 있게 관찰하는 시간이 필요하고, 그들의 일상에 온전히 들어가볼 수 있어야 한다. 본인이 제대로 이해하지 못하고 써 내려간 글은 읽는 이에게도 난해할 수밖에 없다. 오랜 관찰, 감정 이입을 통해 상대에 완전히 몰입하게 되면 그제야 글 속에 등장할 인물의 윤곽이 잡히기 시작한다.

끈질기고 집요하게 관찰하자

〈타인의 삶〉이라는 독일 영화가 있다. 시대적 배경은 동독과 서독이 통일되기 전인 1980년대. 당시 동독에서는 국민들을 감시하기 위한 비밀경찰과 스파이 들이 암암리에 활발히 활동하고 있었다. 주인공은 바로 이 중 하나인 비밀경찰. 그는 당시 동독 최고의 극작가와 그의 애인을 감시하는 요원이었다. 독일의 비밀경찰답게 냉철하고 철두철미한 사람이지만 자신이 감시하던 이들의 삶을 지켜보다가 오히려 감동을 느끼며 인간적인 모습으로 변화해가기 시작한다.

영화 속 인물은 상대를 지켜보고 감시하는 것이 직업인 스파이였지만 우리는 이보다 더 너그럽고 여유 있게 대상을 관찰할 수 있다. 다만 대상을 정하고 인물을 탐구하기 시작했다면 마치 영화 속 비밀

요원과도 같은 집요함과 끈기로 상대를 살필 수 있어야 한다. 가령 의학 드라마를 쓰기로 결정한 드라마 작가라면, 병원에서 의사들과 24시간 생활하며 그들의 일거수일투족을 취재해야 할 것이다. 마침내 줄거리가 잡히고 구체적인 등장인물들이 설정되었다면 특정 대상 한두 명을 정해 그들이 환자를 진료하거나 병원에서 보내는 시간 외의 일상까지 더 자세하게 접근할 수도 있다. 그러한 과정을 통해 주인공의 성별, 가족관계, 취미, 성향 등은 물론 말투, 식습관, 더 나아가 과거의 트라우마나 연애관까지 설정이 가능해진다. 때로는 명확한 줄거리가 잡히지 않아도 인물이 이야기를 만들어가는 경우도 있다. 그만큼 글을 쓰기 전 인물 탐구와 설정은 중요한 과제다.

제3자의 입장에서 아이를 바라보는 훈련(객관화하기)

육아맘의 글쓰기도 마찬가지다. 오히려 자신의 일상이나 아이에 관한 글을 쓸 때 객관적인 시각을 유지하는 것이 더욱 힘들다. 그렇기 때문에 한 발자국 떨어진 제3자의 입장에서 관찰할 수 있어야 한다. 이러한 방식은 육아와 훈육을 하는 데도 큰 도움이 된다. 예를 들어 아침에 아이가 유난히 보채며 어린이집이나 유치원에 가지 않겠다고 버티는 상황이 벌어졌다면 우리 아이, 아이의 엄마라는 시선에서 잠시 벗어나 다시 아이의 일상을 천천히 들여다보는 것이다.

지난밤 아이는 무엇을 먹었고 몇 시에 잠들었는지, 잠이 들 때의 상황은 어떠했고 아이는 웃었는지 울었는지, 또 아침에 기상한 아이가 제일 먼저 했던 말이나 표정은 어땠는지, 평소 아이의 잠버릇은 어땠는지 등을 돌이켜본다. 그런 후에 마치 소설 속 주인공을 설정하듯 아이를 객관화한 임의의 인물을 설정해보자. 그리고 또 다른 인물 2도 함께 설정한다. 인물 2는 바로 엄마인 '나'다.

35세 전업주부

- 하원한 아이를 마주했을 때 가장 먼저 하는 일

- 아이와 놀아주며 자주 하는 표정이나 말투

- 잠들 때의 버릇 혹은 인사

- 오늘 아침 아이를 대할 때 어떠한 심정으로 마주했는가? (이때는 인물의 내면까지도 파고 들어가볼 수 있다.) 또 그렇게 한 이유는 무엇이었는가?

자신을 객관화해서 보았을 때는 아이를 주인공으로 설정했을 때와 다르게 주인공의 심리 상태까지 파악할 수 있다. 물론 아이의 객관화 작업이 끝나면 마찬가지로 아이의 입장이 되어 인물의 내면까지 유영할 수 있어야 한다. 이렇게 인물에 대한 이해를 완벽히 마치고 나면 비로소 그 인물이 처한 상황과 갈등을 바탕으로 하나의 이야기를 써 내려갈 수 있다.

앞장에서 해왔던 공상 혹은 이상에 대한 정리, 메모, 일상의 기록

수준에서 벗어난 본격적인 글쓰기는 이제부터 시작이다. 엄마와 아이, 육아로 지친 일상을 행복하게 만들어줄 글쓰기는 단순해 보이지만 굉장히 치열하고 세심한 관찰이 바탕에 깔려 있어야 한다. 어쩌면 글을 쓰기 전 단계에 이루어지는 이 과정만으로 이미 육아에 찌든 일상으로부터 자유로워지는 경험을 할 수도 있다. 스스로를 관찰자 입장에서 보면 자신에 대해 더욱 냉철하고 고차원적인 사고가 가능하다. 그렇게 글을 쓰기 위한 도구로서 인물을 파악하다 보면 기존 인물에서 볼 수 없었던 새로운 모습을 발견할 수도 있다. 그뿐만 아니라 이 과정은 마치 영화 〈타인의 삶〉 속 주인공이 그러했듯이 실제의 '나'를 변화시켜줄 수 있는 계기가 되기도 한다.

수필, 소설, 시나리오, 어떤 장르여도 관계없다. 만일 아이와 너무 근접한 일상이라 객관화하기가 힘들다면 형제, 자매, 친구 등 지인을 동원해도 무방하다. 설정한 인물의 면밀한 관찰과 객관화를 통해 그를 완벽히 이해할 수만 있다면 말이다. 이렇게 자신의 시각으로 새롭게 다시 태어난 주인공 혹은 등장인물의 설정이 견고해졌다면 그들이 만들어낼 이야기는 이미 우리 손을 떠나 있는지도 모른다. 본격적인 글을 쓰기 전에 설정한 인물을 관찰하고 또 관찰하자. 전지적인, 마치 신과 같은 관점에서 인물의 상처와 사랑, 작은 신음까지 이해할 수 있도록.

직접 써보기

⭐ 평소 생활습관, 식습관, 자녀 유무, 가정환경 등을 바탕으로 '나'를 객관화해 소설 또는 시나리오 속 등장인물로 설정해보세요.

예: 40세, 여자, 초등학교 교사

⭐ 아래 주어진 상황에 따라 앞에서 설정한 주인공('나')의 심리 상태를 파악해 글로 옮겨보세요.

상황 1: 우연히 오래된 상자 속에서 잊고 있던 어린 시절 사진 한 장을 발견했다.

상황 2: 낯선 곳을 여행 중인 나. 그런데 지갑, 차 키 심지어 휴대폰까지
잃어버렸다.

나만의 고유한
언어 만들기

    모든 사람은 저마다 특유의 걸음걸이가 있다고 한다. 멀리서 어떤 사람이 나타났을 때 그 사람을 단번에 알아볼 수 있다면, 사실 그 사람의 얼굴을 인식했다기보다 상대방 특유의 걸음걸이로 알아보았을 확률이 높다는 것이다. 말을 할 때도 마찬가지다. 우리는 종종 어떤 사람의 목소리나 말투, 평소에 자주 하던 말버릇만 듣고도 상대가 누구인지 알아채는 경우가 있다.

    누구나 자기만의 걸음걸이와 말버릇이 있는 것처럼 글에도 그 사람만의 고유한 느낌이 있다. 물론 불필요한 단어를 반복해 사용하는 등의 버릇이 꼭 좋은 건 아니지만, 평소 습관이 드러난 자기만의 언어는 글에 개성을 부여한다.

고유의 언어 찾기

학부생 시절 소수의 인원으로 진행되던 소설 강의가 있었다. 그런데 함께 수업한 지 1년 정도만 지나면 작품을 몇 줄만 읽어봐도 서로 누가 쓴 글인지 대번에 알 수 있었다. 사람마다 고유의 어투가 있듯이 글에도 그 사람만의 고유한 느낌과 언어가 존재하기 때문이다. 하지만 이것은 때로는 득이 될 수도 있고 때로는 실이 될 수도 있다. 마치 악역을 실감 나게 연기한 배우가 그 배역으로 스타가 되었지만, 해당 배역에 대한 인상이 강하게 남아 이후에도 악역 외에 다른 역할을 잘 맡지 못하게 되는 것과 비슷하다.

그러나 이런 상황은 어느 정도 전문가 수준의 경지에 오르고 난후, 색다른 시도를 하거나 전혀 다른 장르에 도전할 때 부딪히게 되는 일이다. 이제 막 글을 쓰기로 작정한 우리에게는 실보다 득이 되는 경우가 훨씬 많다. 그래서 자신만의 개성을 드러낼 수 있는 고유의 언어를 찾는 일은 매우 중요하고도 재미있는 작업이 될 것이다.

말투와 습관, 글의 연관성

평소에 습관처럼 많이 내뱉거나 자주 쓰는 단어가 있는가? 지금까지 작성해온 일기나 SNS, 그 밖에 어떤 글이어도 좋으니 천천히 살펴보면서 자주 나오는 단어에 동그라미 표시를 해보자. 내 경우를 예로 들면, 최근 작성한 글들에서 유독 '그런데'라는 접속사가 자주 등장하는 것을 알 수 있었다.

> 아이와 밥을 먹었다. **그런데**
>
> 날씨가 맑았다. **그런데**
>
> 그녀가 내게 준 선물은 마음에 쏙 들었다. **그런데**

나의 글 중에는 주로 일상적인 문장을 먼저 작성하고 후에 반전을 꾀하는 것이 많았다. 접속사 '그런데'의 개수만 봐도 알 수 있을 정도였다. 글은 말과도 많은 연관이 있다. 최근 내가 말하는 방식을 가만히 들여다보니 항상 중요한 사건을 뒤에 부각시키기 위해 서두를 흘려 말하는 경향이 있었다. 그 결과 말 속에도 '그런데'라는 단어가 자주 등장했던 것이다.

> 주말에 아이랑 전시회를 갔어. 아침 일찍부터 서둘러 갔더니 사람도 많지 않고 아이가 놀기도 좋더라고. **그런데** 오후가 되니까 큰 아이들이 몰려와서 자리 다툼을 하기 시작하는 거야.

언어와 글에서 자신의 습관을 파악했다면 잘못을 수정하기도, 그것을 자기 것으로 만들기도 훨씬 쉬워진다. 우선 반복되는 단어는 하나의 문단에서 2개 이상 겹치지 않도록 피하는 것이 좋다. 예를 들면 '그런데'를 비슷한 의미의 접속사인 '하지만'이나 '그럼에도 불구하고' 등으로 수정할 수 있다. 또한 '그런데' 뒤에 나오는 문장을 앞으로 옮겨 전혀 다른 느낌의 글을 쓰는 것도 가능하다. 앞서 말로 했던 이야기를 다시 글로 정리해보겠다.

주말에 아이랑 전시회를 갔다. 오후가 되니 큰 아이들이 단체로 몰려와서 때 아닌 자리다툼이 벌어졌다. 다행히 오전 시간에 서둘러 방문한 우리는 비교적 여유롭게 관람하고 올 수 있었다.

깔끔하게 정리된 글이지만 어딘지 모르게 개성이 사라진 느낌도 든다. 여기서 말하고자 하는 것은 유독 자주 반복해 사용하는 말을 반드시 수정해야 한다는 게 아니다. 그것이 오히려 자기만의 개성 있는 글을 만들 수도 있기 때문이다.

뒤에서 좀 더 자세히 다루겠지만 대외적으로 사용되는 글이나 공모전 등 목적이 있는 글쓰기라면 이야기가 또 달라진다. 그때는 가능한 한 같은 문장이라 할지라도 부정적인 느낌을 배제하고 긍정적인 방향으로 수정하는 것이 더욱 효과적일 수도 있다. 그러나 글쓰기 연습 단계에서는 자주 사용하는 고유의 언어를 살리는 데 초점을 맞춰 좀 더 자신 있게 긴 문장 쓰기에 도전해보는 것이 좋다.

위에서 언급했듯이 하나의 문단에서 같은 단어가 너무 자주 반복되는 것만 조심한다면 전체적인 글에서 종종 습관처럼 겹치는 단어가 있다 해도 관계없다. 거기에 신경 쓰느라 다음 문장 쓰기를 망설이기보다는 자기만의 단어를 활용해 새 문장을 만드는 데 집중하는 것이 더 중요하다.

그런가 하면 어떤 사람은 문장부호가 습관인 경우도 있다. 반점 (,), 온점(.) 등을 문장마다 이용해 나열하거나 짧은 글로 이야기를 풀어나가는 형식이다. 사실 이러한 경우는 상당히 조심스럽게 접근해야 한다. 반점, 온점, 말줄임표 등은 사용하는 위치에 따라 전혀 다른 내용이 될 수 있기 때문이다. 적절한 문장부호는 글을 더 풍부하게 만들어줄 수 있지만 불필요하게 많이 사용하고 있다면 차라리 없애는 편이 낫다.

엄마의 언어는 달라야 한다

엄마의 언어가 특히 중요하다는 것은 엄마를 보고 배우며 자라는 아이가 그대로 학습한다는 점에서 두말할 필요도 없을 것이다. 일상에서 자주 사용하는 고유의 단어들이 주로 부정적이거나 어둡고 비표준어에 가까운 것이라면 다른 말로 순화하려는 노력이 필요하다.

간혹 두서없이 쓴 글이라 할지라도 이것이 과연 아이를 키우는 엄마가 쓴 것이 맞나 싶을 정도로 눈살이 찌푸려지는 글을 발견할 때가 있다. 본래의 말투나 버릇을 가감 없이 옮겼다 해도 그러한 글은 읽는 상대로 하여금 거부감과 좋지 않은 선입견을 먼저 갖게 만든다. 말과 글에서 나오는 버릇은 그 사람의 내면을 대변한다. 지금도 아이를 위해 좀 더 나은 엄마가 되고자 애쓰고 있다면 이제 내면까지 현명한 엄마가 되기 위해 노력해보자.

자신이 가진 고유의 느낌은 간직하되, 엄마라는 역할에 맞게 순화하는 작업. 그것이 본격적인 글 쓰기에 앞서 먼저 이루어져야 할 과제다.

직접 써보기

⭐ 최근 내가 사용하는 말이나 글 속에서 유독 자주 등장하는 단어나
버릇은 무엇인가요? 자주 등장하는 단어를 체크해보세요.

⭐ 부정적인 단어, 비표준어 등이 있다면 같은 뜻의 다른 말로 순화해
보세요. 아이에게 들려주기 적절한 단어인가를 생각해보면 더 쉽습니다.

옆에서 찾은 나의 언어를 사용해 오늘 하루를 글로 정리해보세요.

쉬어 가기와 다시 보기: 수정과 퇴고

글을 쓰면서 잠시 숨을 고르는 작업은 열정적으로 글을 써 내려가는 일만큼 중요하다. 글을 쓰다 보면 아이디어가 고갈되는 경우도 있고 때론 슬럼프에 빠지기도 한다. 꼭 그렇지 않더라도 글 속에 온전히 스스로를 담고 있다 보면 무엇을 추가하거나 삭제해야 하는지에 대한 판단력이 흐려지기 마련이다. 때로는 주제와 무관한 이야기가 갈팡질팡 이어지는 경우도 있다.

이는 육아를 할 때도 마찬가지다. 분명히 확고한 가치관과 목표를 세우고 그에 맞게 아이를 훈육하고 돌보고 있다고 생각했는데, 가끔은 처음 계획했던 것과 전혀 다른 방향으로 아이를 대하고 있지는 않을까? 이 책을 통해 우리가 글을 쓰는 목적은 아이를 위한 것이기도 하지만, 기본적으로 육아에 지친 엄마가 삶의 여유를 찾기 위해서라는 점을 다시 한번 상기해야 한다. 일종의 '환기'와도 같은 '쉬어 가기'는 어떤 이유에서든 꼭 필요한 일이다.

글에서 벗어나 전혀 다른 시간을 보내자

쉬어 가는 시간을 가질 때는 몸담고 있던 글에서 완전히 빠져나와 전혀 다른 일에 집중해보는 것도 좋다. 예를 들어 '동물'을 주제로 글을 쓰고 있었다면 당분간은 동물에 관한 서적도, 그와 비슷한 영상도 멀리하고 다른 주제를 생각해보거나, 그도 아니면 일상의 소소한 일에 몰두해본다. 그동안 쓰고 있던 동물에 관한 내용을 까맣게 잊어버릴 때까지 말이다. 그렇게 완벽히 벗어날 수 있어야만 다시 새로운 마음으로 글을 대할 수 있다. 검토와 수정은 거기에서부터 시작된다.

새로운 마음가짐으로 마치 처음 보는 것처럼 자신의 글을 다시 볼 준비가 되었다면, 그때부터는 이미 작성된 글을 검토해보는 시간이 필요하다. 글을 검토할 때는 다음에 나오는 몇 가지 사항을 염두에 두고 시험지의 답안을 체크하듯 냉정하고 예리하게 읽어 내려가도록 한다. 물론 글의 성격이나 목적에 따라 체크리스트는 달라질 수 있다. 예를 들어 자기소개서는 특정 목적을 위한 글이므로 여기서 제시한 체크리스트와는 기준이 다르다. 여기서는 일반적인 글을 검토할 때 필요한 항목 위주로 정리해보겠다.

'다시 보기'(검토 및 수정) 체크리스트

1. 서두에 글을 쓰기로 정한 목적과 결론이 끝까지 일치하는가?

2. 내용과 관련된 분량이 적절한가?

3. 소리 내어 읽어보았을 때 막히는 부분이나 모호한 단어가 있는가?

4. 적절한 비유와 예시를 사용했는가?

5. 나의 생각과 경험이 충분히 담겨 있는가?

글을 눈으로만 보는 것보다 소리 내어 읽어보았을 때, 즉 말하는 형식으로 방법을 바꿔보았을 때 어색한 문장이나 불필요한 단어가 더욱 빨리 발견된다. 나 또한 개인적으로 원고를 쓸 때 3번의 방법을 가장 잘 활용하곤 하는데, 글로 썼을 때는 전혀 이상하지 않았던 문장도 한 문장 한 문장 소리 내어 읽다 보면 무엇이 잘못되었는지 쉽게 파악할 수 있다.

또한 가상의 독자를 구체적으로 설정해놓고(예: 7세 여자아이) 검토하면 두서없는 이야기들의 곁가지를 빠르게 쳐낼 수 있다. 실제 가상의 독자가 이 글을 읽고 있는 상황이라는 것을 계속 인지하면서 그에 따라 문장을 수정하는 방법이다.

글의 마지막을 결정짓는 퇴고

최종 수정을 거쳐 마지막으로 글을 검토하는 과정을 '퇴고'라고 하는데, 퇴고의 과정은 때로 처음 글을 쓰는 '초고'의 과정보다 더욱 중요하다. 모든 글은 퇴고의 과정을 거쳐 마침내 완성에 이르기 때문이다.

진부한 표현 같지만 글은 마음의 거울이며, 퇴고는 내면과 마주하는 시간이다. 만일 다른 사람의 생각이나 말로 인해 궁극적으로 자기가 하고자 했던 주제가 방해를 받는다면 그것은 차라리 없는 편이 낫다. 이 점을 고려해 삭제와 수정을 반복하는 것이 좋다. 퇴고 역시 '쉬어 가기'와 병행하면 더욱 완성도 높은 글을 만들 수 있을 것이다.

이 챕터는 무언가를 쓰는 대신 잠시 숨을 고르고 그간 작성했던 글을 되돌아보는 시간이다. 체크리스트를 참고해 '다시 보기(퇴고)'하는 연습을 해보자.

직접 써보기

★ 그동안 내가 써온 글에는 어떤 특징이 있는지 살펴보고, '다시 보기' 체크리스트를 참고해 수정해야 할 내용을 정리해보세요.

아주 가끔은
시인처럼

누구나 한때는 문학 소녀였다

일상의 모든 언어는 시(詩)가 될 수 있다. 바꿔 말하면 언어를 사용하는 우리 모두가 시인이 될 수 있다는 말이다. 이제는 너무 작아져버린 아이 옷, 왠지 힘없고 늙어 보이는 아버지의 뒷모습, 비 오는 어느 날 먹었던 김치전에 대한 기억 등 사소한 일상에서 오는 감정을 기록할 수 있다면 당신은 이미 시를 쓸 수 있는 자격이 충분하다.

학창 시절 국어 시간에 배웠던 시, 애인과 이별하고 힘들던 때 위로가 되었던 연애 시와 같이 누구에게나 가슴에 남아 있는 시 한 편쯤은 있을 것이다. 그도 아니라면 왠지 마음이 무겁게 가라앉는 날

문득 떠오르는 노랫가락 한 소절도 좋다. 이번에는 그것에서부터 기억을 곱씹어보도록 한다. 엄마도 소녀였던 시절, 시 한 구절과 노래 가사 한 소절에 울고 웃고 했던 때가 있었노라고 우리 아이에게 이야기해줄 만한 '감성의 끈'을 놓치지 않으면 좋겠다.

나도 학창 시절 교과서에서 처음 접한 이후 지금까지도 즐겨 읊곤 하는 시가 있는데, 바로 박재삼 시인의 〈울음이 타는 가을 강〉이다. 작은 일에도 까닭 없이 슬픈 청춘의 마음을, 아름다운 자연과 함께 녹여낸 구절 하나하나가 무턱대고 내 마음을 움직였던 것이다.

사실 우리 삶은 시와 거리가 멀 수도 있다. 어떤 사람은 이 시를 읽고 큰 감동을 받기도 하지만 또 어떤 사람은 한낱 '감성 팔이' 정도로 치부할 수도 있다. 모든 글은 읽는 이의 상황과 감정에 따라 받아들이는 지점이 다르기 마련이다. 그렇기에 우리가 어설픈 시를 쓴다고 해서 누군가의 감탄을 기대할 필요는 없다. 지금은 별다른 감흥이 없던 시가 훗날 어느 순간 마음속에 들어와 박힐지 모를 일이니까.

〈울음이 타는 가을 강〉 역시 학창 시절에는 단지 국어 시험을 잘 치르기 위해 시에서 의미하는 것들, 감정의 흐름과 같이 이론적인 부분만 외우느라 정신이 없었다. 시의 감성이 한 글자 한 글자 내 마음속으로 들어오기까지는 꽤 오랜 세월이 걸렸다. 그러니 지금 우리의 일상, 그 속에서 일어나는 감정의 변화를 시로 옮긴다고 해서 갑자기 폭풍 같은 감동이 밀려오기를 바라지 말자. 그것은 어쩌면 시간이 해결해줄 일인지도 모른다. 다만 평범한 글을 시로 만드는 몇 가지 팁은 있다.

평범한 글을 시로 만드는 팁

1. 늘 새로운 시각으로 주변을 관찰한다.

2. 좋은 문장과 단어를 최대한 많이 수집하는 습관을 들인다.

3. 문장을 최대한 압축시키고 이에 대한 설명은 피한다.

4. 모든 사물과 교감하고 의인화하는 연습을 한다.

5. 문장의 배치에 심혈을 기울인다.

언제 어디서나 좋은 문장이나 단어를 보면 무조건 수집해두었다가 활용하는 것! 이것은 것은 내가 글을 쓸 때 최고로 애용하는 방법 중 하나이기도 하다. 이 책의 부록(알아두면 유용한 우리말)도 그러한 방법으로 수집한 단어의 일부이니 참고하면 도움이 될 것이다.

모든 대상에 의미를 부여해보자

'작가는 의미 없어 보이는 일에도 의미를 부여하는 직업'이라고 누군가 정의했다. "내가 그의 이름을 불러주었을 때, 그는 나에게로 와서 꽃이 되었"듯이 시인이 되어보기로 결심한 우리는 모든 대상에 의미를 부여하고 새로운 시각으로 볼 수 있어야 한다. 낡은 가구며 기르는 화초는 물론이고 살고 있는 장소와 지금을 스쳐가는 시간 같은 무형의 존재에도 특별한 의미를 부여할 수 있겠다. 그도 아니면 매일 겪는 일상을 전혀 다른 시각에서 바라보자. 역지사지(易地思之)로 다른 존재의 입장이 되어보는 것도 좋을 것이다.

최근 아주 짧은데도 불구하고 아주 강렬하게 뇌리에 박힌 시가 있어 소개해보고자 한다.

반성　 – 함민복

늘

강아지 만지고 손을 씻었다

내일부터는 손을 씻고

강아지를 만져야지

– 『날아라, 교실』(백창우 외 52인 지음, 사계절, 2015)

아마도 나는 반려견을 기르는 입장이라 이 시가 더욱 신선한 충격으로 다가왔을지도 모른다. 어쩌면 너무 당연한 이야기인데도 이런 식으로 생각해본 적이 없는 나에게는 제목처럼 반성할 수밖에 없는 기회가 되었던 것이다. 또한 이 시는 비록 동시는 아니지만 아이에게 들려주면 정말 좋을 것 같다는 생각이 들었다. 이 시를 통해 아이에게 생명을 소중히 여기고 한번 더 상대의 입장에서 생각할 수 있는 계기를 마련해줄 수 있을 것 같아서였다. 이렇게 시를 활용한 육아는 우리가 늘 동경하지만 실천에 옮기기 어려운, 소위 교양 있고 우아한 육아를 현실로 만들어주는 지름길이기도 하다. 그렇기 때문에 모든 엄마는 시인이 될 수 있고 또 그렇게 되도록 노력해야 한다. 누가 알겠는가. 지치고 힘들었다고 썼던 육아일기 한 페이지가 언젠가는 하나의 아름다운 시로 포장되어 있을지!

⭐ 평범한 일상을 새로운 시각으로 둘러보세요. 나만의 시가 될 수 있는
소재를 찾아 간단한 시 구절을 만들어보세요.

일상 속에서
유머 찾기

개그 코드는 신뢰와도 연결된다

'개그 코드'라는 말이 있다. 연애 상대를 선택할 때도 소위 개그 코드가 통하지 않으면 만나기 어렵다고 말하는 사람도 있다. 연애 상대뿐만 아니라 친한 친구, 가족 간에도 유머가 통한다는 것은 진지한 이야기를 나누는 것보다 때론 더 중요할 때가 있다. 나 역시 누군가를 만났을 때 코드가 맞느냐 안 맞느냐를 판가름하는 기준으로 '유머'를 꼽기도 한다. 반드시 상대를 웃게 만들어야 한다거나, 반대로 상대가 나를 웃겨야 할 필요는 없다. 하지만 개그 코드가 통한다는 것은 그 외의 상황에서 유연한 소통이 가능하다는 것을 대변하기도 한다.

간혹 같은 이야기여도 유독 재미있게 전달하는 사람들이 있다. 누군가에겐 그저 평범한 일상일 뿐인데 이런 사람들이 이야기하면 주변 사람들은 즐거워하고 "저 사람은 말을 정말 재밌게 한다.""유머 감각이 넘친다.""센스가 있다."라고 칭찬한다. 이렇게 화법에 따라 재치 있고 에너지가 가득하며 즐거운 분위기를 조성하는 사람이라는 이미지를 상대에게 심어줄 수 있다. 아마 여러 모임에서 이런 사람을 한두 명쯤은 만날 수 있을 것이다. 사람들은 보통 이런 이들에게 쉽게 호감을 느끼는 경우가 많다.

유머(언어유희)의 역할

말을 할 때는 주로 상대방 특유의 어투, 손동작 등으로 내용을 더욱 풍부하게 만들 수 있는데, 글을 쓸 때도 마찬가지다. 글을 쓸 때는 문장의 서두나 내용을 전환할 때 적절한 유머를 섞으면 전체적으로 읽는 사람의 흥미를 더욱 유발할 수 있다. 또한 적절한 유머는 궁극적으로 말하고자 하는 내용에 신뢰감을 더욱 높여줄 수도 있고, 별 뜻 없는 문장을 의미 있고 감각적으로 전달할 수 있게 한다. 이렇게 유머는 말이나 글 속에서 마치 윤활유 같은 역할을 하는, 결코 간과할 수 없는 중요한 요소다.

다만 글에서 유머를 사용할 때 주의할 점은 그것을 '어디에 배치하는가'다. 일종의 말장난처럼 느껴지는 언어유희도 적재적소에 배치하면 문장 전체의 느낌이 달라질 수 있다. 그 예로 김영하 작가의 소설 『오직 두 사람』을 통해 유머가 소설 전체에 어떤 의미를 부여하고 있는지 살펴보기로 하겠다. 『오직 두 사람』의 대략적인 줄거리는 이렇다.

아버지에게 맞춰진 삶을 사는 딸과, 평생 자기만의 방식으로 딸을 옭아매는 아버지가 있다. 이 부녀는 가족들에게조차 이해받지 못하지만 딸은 그것이 아버지의 사랑이라 믿는다. 마치 희귀 언어 사용자 같은 두 사람. 마침내 아버지가 세상을 떠난 뒤 희귀 언어의 마지막 사용자처럼 남게 된 딸이 있다.

소설은 주인공 딸이 지인에게 쓴 편지글 형식으로 이루어져 있다. 아버지 외에 주변인이 많이 등장하지는 않지만 마치 드라마의 감초 역할을 하는 조연같이 등장하는 오빠가 있다. 이제 이 소설에서 묘사하는 오빠의 언어유희에 대해 살펴보자.

오빠가 해고를 당하던 날, 인사팀의 입사 동기가 그러더래요. "힘내라. 위기가 기회라잖아." 오빠가 뭐라고 했을지 언니도 이제 아시겠죠? "웃기시네. 기회가 위기야."

'위기는 기회'라는 표현은 우리가 일상에서도 흔히 접할 수 있는 명언 혹은 상투어다. 그러나 이것을 뒤집어 말하면 전혀 다른 의미가 된다. 소설에서는 주인공 오빠가 뒤집어 말하는 습관을 기이한 버릇으로 표현했지만 이러한 유머 코드는 곧 소설 전체에 중요한 의미를 부여하는 계기가 된다.

결국 병에 걸린 아버지가 세상을 떠나고 상주가 된 주인공의 오빠. 그는 소설 마지막 즈음에 다시 등장해 이런 말을 남긴다.

"현주야. '산 사람은 살아야지'라는 말 있지? 이 말은 영 뒤집을 수가 없네. 뒤집어도 똑같아. '산 사람은 살아야지'가 돼."

평생 아빠의 그늘에서 '아빠 딸'로 살아온 주인공이 마침내 스스로 인생을 개척해야 하는 날이 온 순간, 글에서 표현한 대로 오빠의 부적절한 농담은 주인공에게 위로가 되는 말이기도 했다. 별 뜻 없이 보았을 때는 그저 말장난같이 느껴지는 문장 하나가 중의적인 의미를 담아, 주인공의 이전까지의 삶과 앞으로 살아갈 삶을 대변해주기도 하는 것이다.

이렇게 글 속에서의 유머는 어떤 인물에 녹아 있는가, 혹은 어디에 배치하는가에 따라 전혀 다른 분위기를 만들 수 있다. 또한 유머 자체가 글의 핵심 메시지를 강조하기도 한다.

유머와 반전이 만나면 의미를 더욱 극대화할 수 있다

타고난 유머 감각과 센스가 넘치는 사람이 있는 반면 그렇지 않은 사람도 있다. 그러나 연습과 훈련, 반복적인 노력으로 충분히 유머러스해질 수 있다. 개그에 별 흥미나 소질이 없다면 이 분야에서 뛰어난 주변 사람들을 관찰하고 모방하는 연습을 하는 것도 하나의 방법이다. 앞서 소개한 소설과 같이 명언이나 격언을 뒤집어서 전혀 다른 새로운 문장을 만들어보기도 하고, 개그 프로그램에 등장하는 참신한 용어들을 수집하는 것도 좋은 방법이다.

한 가지 팁을 덧붙이자면 유머는 반전이 함께할 때 더욱 큰 흥미를 유발할 수 있다. 인기 있는 개그 프로그램의 콩트를 보면 대부분 전혀 예상치 못한 반전의 반전으로 웃음을 이끌어내곤 한다. 유머란 어쩌면 가장 일상적이면서도 우리가 당연하다고 여기지 못한 부분의 허를 찌르는 반전은 아닐까.

글이나 삶을 보다 더 풍부하게 만들어주는 유머를 더욱 적극적으로 활용해보자. 자신만의 방식으로 최대한 많은 말을 수집하고 모방한 후 쓰고자 하는 글에 적절히 활용하면 된다. 그리고 이렇게 자기 것이 된 유머를 일상에서도 사용해보자. 아마 전보다 훨씬 밝고 재치 있는 아이의 모습을 만날 수 있을 것이다.

직접 써보기

★ 최근에 수집한 유머를 기록해보세요.

★ 옆에서 기록한 유머를 적절한 곳에 배치해 3문장 이상의 글로 만들어
보세요.

하늘 아래
새로운 문장은 없다

　많은 이들이 글쓰기의 어려움에 대해 이야기할 때 어떤 문장으로 시작해야 할지 막막하다고 말한다. 나는 무엇을 쓸지 도저히 떠오르지 않거나 어떻게든 글쓰기를 시작하고 싶을 때 종류에 관계없이 닥치는 대로 책을 읽곤 한다. 책 속에 마음에 드는 구절이 있으면 따로 적어두거나 표시를 해놓고 일단 문장 서두에 그것을 그대로 옮겨 적는다. 특히 마음에 드는 작가나 작품이 있으면 무작정 필사를 할 때도 있다. 진부하지만 확실한 진실! '모방은 창조의 어머니'다.

　피카소 역시 남의 작품을 베끼면서 그림을 그리기 시작했고, 모차르트도 헨델의 악보를 베끼다 작곡가가 되었다고 한다. 세상을 바꾼 창조물은 결국 모방에서 시작되었다고 해도 과언이 아니다. 모방을 훈련처럼 하다 보면 언젠가 복제품은 새로운 창조물이 된다. 물론 복제품을 자기 것으로 만들기까지 많은 시간과 노력이 필요하겠지만, 우선 시작이 어려워 도전하지 못하고 있다면 모방만큼 좋은 것은 없다고 말하고 싶다.

기존의 것을 따라 하는 것이 먼저

육아를 주제로 칼럼을 쓰다 보니 어떤 시기에는 이렇다 할 이슈가 없을 때도 있다. 아이의 성장도 정체기가 있는지라 별다른 사건을 구태여 만들지 않고서는 글의 소재가 될 만한 것이 도통 떠오르지 않는 일도 다반사다. 그래서 한번은 이런 적도 있다. 자주 사용하는 물티슈를 활용한 것이다. 내가 구매한 물티슈의 보호 필름에는 항상 육아에 관한 좋은 글귀가 적혀 있었는데 예를 들면 다음과 같은 것들이었다.

"자녀의 운명은 언제나 엄마가 만든다."

– 나폴레옹(정치가)

"아이들이 세상을 어떻게 보는가는 당신이 아이들에게 무엇을 보여주는가에 달려 있다."

– 루이스 보건(시인)

그렇게 나는 우연히 발견한 문장을 활용해 정해진 시간 내에 원고를 마감할 수 있었다. 오랜 시간 동안 글 쓰는 일을 업으로 삼고 있는 나도 늘 글을 쓰기에 앞서 수많은 갈등과 고민을 한다. 그럴 때 어쩌면 가장 쉽고 명쾌한 해답으로는 모방만 한 것이 없다고 생각한다. 저작권을 침해하거나 법을 어기지 않는 선에서 소재 차용 정도로만 활용한다면 말이다. 그러나 모방과 표절은 엄연히 다른 문제이므로 항상 유의해야 한다.

더 가치 있고 매력적으로 모방하라

유명한 글귀나 격언을 인용할 때는 문장부호를 이용해 출처를 명확히 밝혀야 한다. 전체적인 내용을 모방할 경우에는 우선 옮겨 적은 뒤에 골격은 그대로 두고, 단어라도 하나씩 바꾸는 연습을 해서 완전히 자기 것으로 만들어야 한다. 그래도 당장 쓰는 것이 어렵다면 좋아하는 책 한 권이라도 좋으니 읽고 또 읽자. 그래서 감동적으로 와닿는 작품이나 글귀가 어떻게 만들어졌는지 이해해보려고 노력해야 한다. 거기서 또 다른 의문이나 완전히 새로운 생각이 파생된다면 그야말로 금상첨화다.

어차피 하늘 아래 새로운 것은 없다. 모든 문학작품 또한 이전에 만들어진 작품을 바탕으로 재창조된 작품이라고 한다. 우리가 감히 범접하지 못할 경지에 있다고 믿는 예술작품은 대부분 그렇게 만들어졌다. 그러니 용기를 가지고 과감하게 모방하는 것이 중요하다. 다만 이전보다 더 가치 있고 매력적으로 모방하면 된다. 그래서 새 것 없는 세상에 새것처럼 보이는 자기 것을 만들어보자.

직접 써보기

★ 마음에 드는 책에서 좋은 구절을 찾아 1쪽 이상 필사(그대로 따라 적기)해보세요.

★ 옆에 적은 내용에서 문장 배치, 단어 등을 바꿔 나만의 글로 새롭게 만들어보세요.

이야기에 숨을
불어넣는 방법

글을 완성한 후에도 어딘가 밋밋하고 평범하기만 하다면 그것은 그저 일상에 대한 기록이나 일기에 불과하다. 읽는 이의 입장에서 재미와 감동을 느끼는 글이 되려면 생동감 있는 하나의 '이야기'가 되어야 한다. 신이 만물을 창조하면서 마지막에 숨을 불어넣어 생명을 만들었듯이, 글의 완성도 역시 살아 숨 쉬는 생명력이 없다면 이야기로서 제 기능을 다할 수 없을 것이다.

그러면 글은 어떻게 생명력을 얻을 수 있을까? 글에서의 '숨'은 글쓴이 자신만이 가지고 있는 기억과 감정, 그것을 글로 옮겼을 때 느껴지는 진정성에 있다.

글에 생명력을 주는 방법

1. 세세하게 모든 것을 묘사하자

가령 오늘 점심을 먹었던 순간을 글로 옮긴다고 해보자. 단순히 무슨 반찬에 밥을 먹었는지를 늘어놓는 것보다, 먹는 순간의 모든 것을 세세하게 묘사하는 것이 좋다. 식탁 위에 놓여 있던 숟가락과 젓가락의 위치, 앉아 있던 의자의 느낌(딱딱한 나무 의자였는가? 패브릭 소파처럼 부드러운 감촉이었는가?), 어떤 반찬을 먹었을 때 떠오른 기억(과거 어느 순간 어머니가 만들어주셨던 장아찌의 추억), 밥을 먹던 시간의 분위기나 풍경(혼자 밥을 먹다 우연히 바라본 창 밖의 모습, 함께 밥을 먹던 상대가 했던 말과 표정), 심지어 바닥에 흘어지던 부스러기까지 놓치지 말고 묘사해보는 것이다. 이러한 묘사를 통해 글에 더 사실적인 느낌을 강조할 수 있고 앞뒤에서 하고자 하는 이야기에 개연성을 부여한다.

2. 가장 중요한 것은 진정성이다

앞에서도 줄곧 강조해왔던 것이 바로 진정성이다. 요즘 들어 대부분의 사람들은 소위 맛집이나 새로 출시된 물건의 정보를 얻기 위해 SNS에 올린 글을 참고하는 경우가 많다. 책이나 그림, 영화, 전시에 대한 리뷰를 참고하기도 한다. 그러나 독자들은 SNS로 찾아낸 글에서 깊은 감명을 받는 경우는 거의 없을 것이다. 이러한 글은 홍보나 정보 전달을 위해 단순히 개인의 생각을 옮겨 기록한 것일 뿐 하나의 이야기라고 보기는 어렵기 때문이다.

반면 삶에 대해 진지하게 성찰하고 써 내려간 수필이라든지, 시대를 아우르는 문학작품을 읽었을 때는 앞의 글과 전혀 다른 감동을 느낄 수 있다. 차이는 바로 진정성이 있기 때문이다. "나는 요리를 좋아합니다. 맛있는 음식을 좋아하기 때문입니다."라는 문장을 썼다고 가정해보자. 이때 글을 쓰게 된 배경, 즉 마음의 소리에 더 귀기울여봐야 한다. 나는 왜 요리를 좋아하게 되었을까? 내가 진심으로 하고 싶은 말은 무엇이었을까? 그렇다면 다시 이전보다 진정성이 느껴지는 글로 바꿔보자.

내가 요리를 좋아하게 된 이유는 맛없는 음식을 너무 많이 먹어보았기 때문입니다. 맞벌이로 바빴던 어머니는 늘 아침 일찍 하루치 분량의 음식을 미리 만들어놓았습니다. 그래서 나는 항상 식은 밥과 국을 먹어야 했습니다. 언젠가 내가 엄마가 된다면 가족들에게 따뜻한 음식을 먹이고 싶었습니다. 그렇게 나는 요리를 좋아하게 되었습니다.

첫 번째 문장과의 차이가 느껴지는가? 민낯이 드러날까 두려워하는 소심한 글에서 벗어나 좀 더 과감하게 내면의 이야기를 드러내야 한다. 진심은 아무리 강조해도 지나치지 않다.

3. 독자에게 필요한 감동이 반드시 있어야 한다

감동은 꼭 눈물을 흘리게 만드는 '신파극'일 필요는 없다. 억지로 감동을 끌어내는 문장은 오히려 부담스럽고 불편할 뿐이다. 마음이 흘러가는 대로 자연스럽게 기술하되, 글 전체 중 어느 한 부분에서는 머리를 세게 맞았다거나 가슴이 쿵 하고 내려앉을 만한 감동이 있어야 한다. 그래야 읽는 이로 하여금 잊히지 않는 글이 될 수 있다.

이기호 작가의 소설 『최순덕 성령충만기』를 예로 들어보겠다. 줄거리는 다음과 같다.

주인공 최순덕은 어려서부터 부모의 영향으로 독실한 신앙심을 갖게 된 처녀다. 간신히 고등학교를 졸업하고 교회에만 머물던 순덕은 바깥세상에서 여고생들 앞에 나타나 바바리코트를 풀어헤치는 '아담'과 마주하고, 그를 전도하는 것이야말로 신이 자신에게 준 사명이라고 믿는다.

최순덕이 '아담'이라고 믿는 사내는 소위 성적으로 비뚤어진 행동을 일삼는 '변태'다. 이후 영문도 모른 채 자신에게 다가오는 최순덕을 경계하는 아담. 쫓고 쫓기는 관계가 역설적으로 그려지면서 우스꽝스러운 상황이 전개된다.

만약 이야기가 이렇게만 끝난다면 그저 콩트에 불과했을 것이다. 다시 말하지만 글은 반드시 어느 순간 읽는 이의 머리 혹은 가슴에 와닿는 부분이 있어야 한다. 『최순덕 성령충만기』로 돌아가보겠다.

26 아담은 순덕의 말에 대꾸하지 않고 묵묵히 담배 연기만 내뿜다가 이어 가로되 구원을 받으면 정말 천국으로 가는 거요

30 (중략) 어쩌면 난 말이에요 이미 심판을 받은 사람일지도 몰라요 내가 밟고 있는 이 땅이 지옥이라는 생각 가끔 그런 생각을 해요

이 소설은 읽는 내내 웃음이 나는 한편, 무턱대고 웃는 것만으로 그칠 수 없는 무거운 현실이 풍자처럼 녹아 있다. 오히려 무거운 이야기일수록 더 가볍게 읽히기 쉬운 글로 쓸 수 있다면 역으로 더 큰 감동을 이끌어낼 수 있을 것이다. 또한 위에 소개한 소설처럼 어떤 특정한 형식(성경 구절)을 차용해 이야기에 생명력을 불어넣을 수도 있다.

4. 직접 경험한 이야기만큼 생동감 넘치는 것은 없다

모든 글이 자서전처럼 반드시 자신의 이야기를 써야 하는 것은 아니다. 범죄 스릴러 드라마나 의학 드라마를 만든 작가들이 실제로 그러한 일을 경험해본 것은 아니듯 말이다. 하지만 글에 나오는 상황들이 일상에서 있을 법한 일이라면 경험에 비춰 글을 쓰는 것이 가장 빠르고 효과적인 방법이다. 직접 보고, 듣고, 만지고, 냄새를 맡았던 기억만큼 정확한 것은 없기 때문이다.

글은 그렇게 하나의 생명을 가진다

가을이 되면 민들레 홀씨가 여기저기 흩날린다. 어느 땅에 가서 자리를 잡고 꽃을 피우게 될지는 바람이 할 일이지만, 가끔 아이의 손을 잡고 민들레 홀씨 부는 법을 일러주곤 한다. 씨를 이렇게 불어 멀리 퍼뜨려주면 어디론가 가서 뿌리를 내리고 다시 자란다고.

우리가 숨을 불어 생명력을 갖게 된 글은 민들레 홀씨처럼 누군가의 가슴에 또 다른 꽃을 피울 것이다. 결국 엄마 자신의 행복을 위해 시작한 글쓰기지만 마지막에는 우리 아이와 가족 혹은 다른 사람에게까지 전달될 수 있지 않을까? 이미 하나의 생명이 된 글은 그렇게 당신의 손을 떠나 더 큰 행복으로 찾아올 것이다.

직접 써보기

⭐ 본문에서 언급한 방법을 이용해 이제까지 써온 메모나 일기 등에
생명력을 불어넣어보세요.

★ 완성된 글과 이전 글을 비교해보세요.

이제 막 글쓰기를 시작한
엄마들에게

처음 글쓰기를 시작할 때의 막연한 두려움이 어느 정도 해소되면 모든 일이 그렇듯 권태로움이 찾아온다. 어느 것도 부질없고 힘에 부치는 시간. 매일 같은 일상에 시달리는 엄마들에게 문득 찾아오는 마음의 감기 같은 날들.

그럴 때면 이전에 보았던 좋은 글귀, 읽다가 그만둔 책 한 권을 꺼내보자. 무심코 지나쳤던 문장과 하나의 단어가 전혀 다른 모습으로 다가올지도 모른다. 그마저도 힘이 들면 생각에 생각이 꼬리를 물도록, 그저 시간이 흐르도록 내버려두자. 다만 언제든 기록하고 싶은 순간이 왔을 때 무엇이라도 쓸 수 있도록 메모할 수 있는 여건을 마련해두고서 말이다. 그렇게 어느 날 문득 누구에게도 받지 못했을 위로의 시간을, 글을 통해 얻게 되기를 진심으로 바란다.

이 책에서 챕터가 끝날 때마다 간단하게 연습했던 글쓰기를 바탕으로, 언젠가 시간과 마음의 여유가 된다면 하나의 주제를 정해 단편 이상의 글로 정리해보면 좋겠다. 혹은 이 책에 간략히 기록해놓은 그대로 먼 훗날 아이에게 전달해보면 어떨까. 조금 서툴고 부족한 글이라도 진심은 통하니까. 아이는 엄마가 남겨놓은 글을 보면서 자신을 위해 얼마나 노력했는지 충분히 느낄 것이다.

여기까지 읽고 쓰는 연습을 해온 당신은 이미 아이에게 최고의 작가이자 글쓰기 선생님이 될 준비를 마친 것이다.

언제나 내가 준 사랑보다 더 큰 사랑으로 답하며 나를 진정한 '엄마'로 만들어주고 있는 아이에게 말로 다할 수 없이 고맙다. 육아도 일도 모든 것이 부족하지만 늘 믿고 응원해주는 가족들 그리고 이 책을 세상에 나올 수 있게 해준 출판사 관계자 분들께 진심으로 감사의 말씀을 드리고 싶다.

끝으로 오늘도 아이와 씨름하며 일상에서 고군분투하고 있을 잃어버린 이름들, 그 이름 대신 갖게 된 타이틀 '엄마'. 세상 모든 엄마들에게 격려와 응원의 메시지를 보낸다.

알아두면 유용한 우리말

ㄱ · · ·

가든	가볍고 단출하다
가리사니	사물을 판단할 수 있는 지각이나 실마리
가람	'강'의 옛말
가랑비	조금씩 내리는 비
가쁘다	힘에 겹다
가시버시	아내와 남편을 낮잡아 이르는 말
가욋일	본래 일 외의(필요 밖의) 일
공염불	입으로만 외는 헛된 염불, 말만 앞세움
구쁘다	배 속이 허전해 자꾸 먹고 싶다
귀띔	상대가 눈치로 알아채도록 미리 일러주는 것, 귀뜸(×)
그루잠	깼다가 다시 드는 잠
그린내	연인
꼬두람이	맨 끝, 막내
꼬리별	혜성

ㄴ · · ·

나리찬	참된 마음이 가득 찬

나래	'날개'의 옛말
나르샤	비상하다, 날아오르다
나릿물	'냇물'의 옛말
나비잠	갓난아기가 팔을 머리 위로 올려 곤히 드는 잠
나봄	봄에 태어나다
내내월	다다음달, 익익월
너나들이	상대와 '너' '나'로 부르며 허물없이 지내는 사이
너울	바다의 큰 물결
녹록하다	평범하고 보잘것없다
누비다	이리저리 거리낌 없이 다니다
눈바래기	(따라 나서지 않고) 눈으로 배웅, 멀리 떠나는 이를 바라보는 일
늘솔길	언제나 솔바람이 부는 길
늘해랑	밝고 강한 사람

ㄷ · · ·

다기지다/다기차다	마음이 굳고 야무지다(복수 표준어)
다소니	사랑하는 사람
다솜	애틋한 사랑
대짜배기	벌어지는 일이 큼, 매우 큰 물

	건(흑은 양)
단미	사랑스러운 여자
달보드레	달달하고 부드럽다
도담	야무지고 탐스럽다
도둑눈	밤 사이에 사람들 모르게 내린 눈
도란	서로 모여 정답게 이야기 나누다('도란도란'에서 유래)
되우/된통/되게	아주 몹시, 매우(복수 표준어)
돌개바람	회오리 바람
두남받다	남다른 도움이나 사랑을 받다
두메꽃	깊은 산골에 피어 있는 꽃
들샘	들에서 솟는 샘
들찬길	들판으로 박차고 나아가는 길
또바기	언제나 한결같이, 꼭 그렇게

ㅁ · · ·

마뜩하다	제법 마음에 들다
마수(를) 걸다	장사를 시작해 처음으로 물건을 팔다
마루	산의 꼭대기
마파람	남쪽에서 부는 바람, 남풍('앞바람'과 복수 표준어)
말재기	쓸데없는 말을 꾸며내는 사람
매지구름	비를 머금은 검은 구름, 먹구름
맵자하다	모양이 꼭 제격에 어울려 맞다
머드러기	여럿 가운데서 가장 좋은 물건이나 사람
모꼬지	여러 사람이 모이는 일
모람	윗사람에게 버릇 없이 행동함
몽니	심술궂게 욕심부리는 성질
무싯날	장이 서지 않는 날

물비늘	잔잔한 물결이 햇살 따위에 비치는 모양
미르	'용'의 옛말
미리내	은하수
미쁘다	믿음성이 있다, 진실하다
밀막다	핑계를 대어 거절하다

ㅂ · · ·

바따라지다	음식의 국물이 바특하고 맛있다
바라지	음식이나 옷을 대어주거나 온갖 일을 돌봐주는 일
바투	아주 가깝게
번놓다	제멋대로 놓아 어긋난 길로 들게 내버려두다
버리	일이나 글의 뼈대가 되는 줄거리
별뉘	볕의 그림자
별찌	'유성(별똥별)'의 북한어
보꾹	지붕의 안쪽
보늬	밤처럼 겉껍질이 있는 과일 속의 얇은 껍질
보슬	눈이나 비가 가늘고 성기게 조용히 내리는 모양
부루	한꺼번에 없애지 않고 오래 가도록 늘여서
비거스렁이	비가 온 뒤 바람이 불고 추워지는 현상
비나리	앞길의 행복을 비는 축복의 말
비라리	구구한(구차한) 말로 남에게 무언가를 청하는 일
비마중	비가 올 때 나가 비를 마중하는 일

ㅅ …

사부랑사부랑 물건을 느슨하게 묶거나
　　　　　　 쌓은 모양
사부작사부작 크게 힘들이지 않고 계속
　　　　　　 가볍게 하는 모양
산돌림 여기저기 옮겨 다니며 한줄기
　　　 씩 내리는 소나기
살살이 간사스럽게 알랑거리는 사람
삼짇날 음력 삼월 초사흗날(겨울이 가
　　　 고 봄이 오는 시기)
새앙손이 손가락 모양이 생강처럼 생긴
　　　　 사람
샛강 큰 강의 줄기에서 한 줄기가
　　　 갈려 나가 중간에 섬을 이루
　　　 고, 하류에서 다시 본래 큰 강
　　　 에 합쳐지는 강
샛별 금성(새벽 하늘에 보이는 것, 해질
　　　 녘에 보이면 개밥바라기)
성글다/성기다 물건의 사이가 (촘촘하지
　　　　　　　 않고) 뜨다(복수 표준어)
소소리바람 이른 봄에 부는 차고 매서운
　　　　　 바람
숫을무늬 피륙 따위에 도드라지게 놓은
　　　　 무늬
숲정이 마을 근처에 있는 수풀
승아 마디풀과의 여러해살이풀
시나브로 모르는 사이에 조금씩 조금씩

ㅇ …

아금받다 야무지고 다부지다
아귀세다/아귀차다 마음이 굳세어 남에
　　　　　　　　　 게 잘 꺾이지 않다
　　　　　　　　　 (복수 표준어)
아리수 '한강'의 옛 이름

아미 미인의 눈썹
아스라이 아득히 멀게, 가물가물하게
애오라지 '겨우' '오로지'의 강조
안다미로 그릇에 넘치도록 많이
어질병 머리가 어지럽고 혼미해지
　　　　 는 병
여남은 열(10) 이상, 조금 넘게 있는
여우별 궂은 날에 나타났다가 숨는 별
여우비 해가 있는 날 잠깐 내리고 그
　　　 치는 비
온새미로 가르거나 쪼개지 않고 본래의
　　　　 모습 그대로
올무 짐승을 가두거나 잡는 그물
울력성당 떼 지어 으르고 협박하는 일
입찬말/입찬소리 자기의 지위나 능력을
　　　　　　　　 믿고 큰소리치는 일(복
　　　　　　　　 수 표준어)

ㅈ …

자드락길 나지막한 산기슭의 비탈진 곳
　　　　 에 있는 좁은 길
재빼기 잿마루, 고개의 맨 꼭대기
조롱목 조롱박 모양으로 생긴 물건의
　　　　 잘록한 부분
졸로 노인이 자신을 낮추어 이르
　　　 는 말
지며리 차분하고 꾸준한 모양
진솔 의복 등이 한 번도 빨지 않고
　　　 새것 그대로인 상태
짬짜미 남모르게 자기들끼리 짜고 하
　　　 는 약속이나 수작

ㅊ, ㅋ …

철철이 계절마다
첩첩이 여러 겹으로 겹쳐
칼싹두기 밀가루 반죽 등을 방망이로 밀
  고 굵직하게 썰어 끓여낸 음식
  (칼국수)

ㅍ …

파니 아무 하는 일 없이 노는 모양
포배기 한 것을 거듭해 되풀이함
푸석이 거칠고 단단하지 못해 부스러
  지기 쉬운 물건
피죽 대나무 껍데기

ㅎ …

하늬바람 서쪽에서 부는 바람, 서풍
하릴없다 달리 어쩔 도리가 없다
한울 우주(의 본체), 온 세상
함빡 모자람 없이 매우 넉넉하게,
  함박(×)
핫어미/핫아비 유부녀, 유부남
해망쩍다 총명하지 못하고 아둔하다
허우룩하다 마음이 텅 빈 것처럼 허전하
  고 서운하다
헤살꾼 남의 일에 훼방을 놓는 사람
호드기 버드나무 껍질로 만든 피리
흐놀다 무언가를 몹시 그리고 동경
  하다
희나리 채 마르지 않은 장작
희희낙락 매우 기뻐하고 즐거워함, 희희
  낙낙(×)

278

헷갈리기 쉬운 맞춤법

ㄱ···

단어	관련 맞춤법
가벼이	가벼히(×)
가슴 아프다	띄어쓰기
가짓수	가지수(×)
감감소식/감감무소식	복수 표준어
거슴츠레하다/게슴츠레하다	복수 표준어
거짓부리/거짓불/거짓말	복수 표준어
고춧가루	고추가루(×)
곧이곧대로	붙여쓰기
깃저고리/배내옷/배냇저고리	복수 표준어

ㄴ···

단어	관련 맞춤법
나뭇가지/나뭇잎	나무가지(×)/나무잎(×)
내 것 네 것/내것 네것	단음절로 된 단어가 연이어(3개 이상) 나올 경우 붙여쓰기, 띄어쓰기 모두 허용

날것	붙여쓰기
날낱이	날낱히(×)
넝쿨/덩굴	복수 표준어
눈대중/눈어림/눈짐작	복수 표준어

ㄷ ···

단어	관련 맞춤법
더욱더	합성어, 붙여쓰기
뒤꿈치	뒷꿈치(×)
똬리	또아리(×)

ㅁ ···

단어	관련 맞춤법
마음먹다	붙여쓰기
말동무/말벗	복수 표준어
먼발치	붙여쓰기
멀찍이/멀찌감치/멀찌가니	복수 표준어

ㅂ ···

단어	관련 맞춤법
보조개/볼우물	복수 표준어
부나비/불나비/부나방/불나방	복수 표준어

부스스	부시시(×)
비스듬히	비스듬이(×)
빈털터리	빈털털이(×)

ㅅ···

단어	관련 맞춤법
속없다	붙여쓰기
수캐	숫개(×)
수탉	숫닭(×)
수퇘지	숫돼지(×)
수평아리	숫병아리(×)
시집가다	붙여쓰기
시집오다	붙여쓰기

ㅇ···

단어	관련 맞춤법
아래위/위아래	복수 표준어, 붙여쓰기
안절부절못하다	붙여쓰기, 안절부절하다(×)
어이없다/어처구니없다	붙여쓰기
얼루기(얼룩 무늬를 가진 짐승이나 물건)	얼룩이(×)
연월일	년월일(×)

ㅈ~ㅊ · · ·

단어	관련 맞춤법
자리옷/잠옷	복수 표준어
차례차례	붙여쓰기
첫걸음/첫나들이	붙여쓰기
철따구니/철딱서니/철딱지	복수 표준어

ㅋ~ㅎ · · ·

단어	관련 맞춤법
코린내/고린내(썩은 음식 등에서 나는 고약한 냄새)	복수 표준어
쿠린내/구린내(배설물 등에서 나는 고약한 냄새)	복수 표준어
탈것	합성어, 붙여쓰기
틀림없다	붙여쓰기
하루하루/하룻밤	붙여쓰기
허드렛일	붙여쓰기
헌것/헌책	붙여쓰기
흩뜨리다/흩트리다	복수 표준어
흰옷	합성어, 붙여쓰기

우리 아이를 위한 글쓰기 연습

초판 1쇄 발행 2020년 4월 28일

지은이 | 여상미
펴낸곳 | 믹스커피
펴낸이 | 오운영
경영총괄 | 박종명
편집 | 김효주 최윤정 이광민 강혜지 이한나
디자인 | 윤지예
마케팅 | 안대현 문준영
등록번호 | 제2018-000146호(2018년 1월 23일)
주소 | 04091 서울시 마포구 토정로 222 한국출판콘텐츠센터 319호(신수동)
전화 | (02)719-7735   팩스 | (02)719-7736
이메일 | onobooks2018@naver.com   블로그 | blog.naver.com/onobooks2018
값 | 15,000원
ISBN 979-11-7043-077-3 03590

• 믹스커피는 원앤원북스의 인문·문학·자녀교육 브랜드입니다.
• 잘못된 책은 구입하신 곳에서 바꿔 드립니다.
• 이 책은 저작권법에 따라 보호받는 저작물이므로 무단 전재와 무단 복제를 금지합니다.
• 원앤원북스는 독자 여러분의 소중한 아이디어와 원고 투고를 기다리고 있습니다. 원고가 있으신 분은
  onobooks2018@naver.com으로 간단한 기획의도와 개요, 연락처를 보내주세요.

이 도서의 국립중앙도서관 출판예정도서목록(CIP)은 서지정보유통지원시스템 홈페이지(http://
seoji.nl.go.kr)와 국가자료종합목록 구축시스템(http://kolis-net.nl.go.kr)에서 이용하실 수 있습
니다. (CIP제어번호 : CIP2020013455)